Klick! 7

Geschichte
Erdkunde
Politik

Arbeitsheft

Bearbeitet von
Christine Fink
Dr. Oliver Fink
Wolfgang Humann
und Silke Weise

Inhaltsverzeichnis

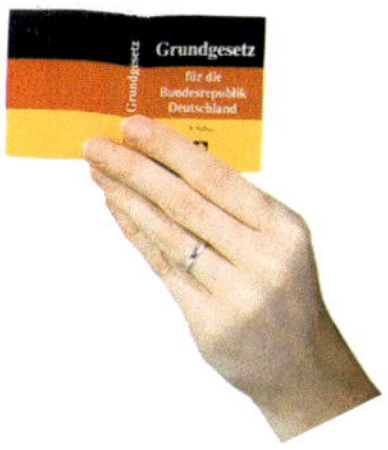
Grundgesetz

Reisen und Tourismus

Ferien! Urlaub!
Wer freut sich nicht, wenn er diese Worte hört?
Ausschlafen, Freunde treffen, Schwimmen gehen, verreisen, neue Menschen und Orte kennen lernen, Abenteuer erleben ...

1 Was hast du in den letzten großen Ferien gemacht?

2 Was unternimmst du gerne in deiner Freizeit?

3 Bist du schon einmal verreist? ☐ ja ☐ nein

Wenn ja: wohin?

4 a) Wohin würdest du gerne verreisen?

b) Warum? Begründe.

Sommer, Sonne und viel mehr

Reiseziele und Urlaubsarten

→ Textknacker Umschlagklappe

Für viele Menschen heißt das Reiseziel: Deutschland. Und tatsächlich hat Deutschland für Urlauber viel zu bieten: Berge, Meer, große und interessante Städte mit Sehenswürdigkeiten. Man kann in Deutschland verschiedene Arten von Urlaub machen: Bade-Urlaub, eine Städtereise, Sport-Urlaub, eine Jugendreise. Oder man besucht Verwandte oder Freunde.

①

②

③

④

⑤

⑥

Auch das Ausland ist ein beliebtes Reiseziel: Das Mittelmeer mit seinen schönen Stränden zieht viele Menschen an. Und es gibt viele interessante Städte, die man besichtigen kann.

Immer mehr Touristen fliegen auch in außer-europäische Länder: in die USA, nach Marokko, Ägypten, Indien oder sogar nach Australien. Sie suchen in der Regel das Fremde, Unbekannte und wollen Neues erleben.

Sommer, Sonne und viel mehr

1 Ordne den Bildern die passenden Wörter zu:

Bade-Urlaub, Städtereise, Sport-Urlaub, Jugendreise,
Familienbesuch, Ferienlager.

Bild 1: ______________________________

Bild 2: ______________________________

Bild 3: ______________________________

Bild 4: ______________________________

Bild 5: ______________________________

Bild 6: ______________________________

2 Welche Art von Urlaub möchtest du gerne machen?
Welche Art von Urlaub findest du nicht so interessant?
Benote die verschiedenen Urlaubsarten.

Bade-Urlaub:	**Note**	☐	**Jugendreise:**	**Note**	☐
Städtereise:	**Note**	☐	**Familienbesuch:**	**Note**	☐
Sport-Urlaub:	**Note**	☐	**Ferienlager:**	**Note**	☐

3 Begründe deine Noten.

4 Vergleicht in der Klasse:

a) Welche Urlaubsarten sind beliebt?
b) Welche Urlaubsarten sind weniger beliebt?
c) Gibt es innerhalb der Klasse große Unterschiede in der Benotung?

beliebt sind: ______________________________

weniger beliebt sind: ______________________________

Reisen lohnt sich – auch für den Gastgeber

Viele Menschen arbeiten im Tourismus.
Drei davon berichten:

Ich heiße Resi. Ich besitze ein kleines Wirtshaus im Schwarzwald. Hier gibt es viel Natur und die Touristen kommen zum Wandern. Bei mir können sie übernachten und ich koche für sie.

Mein Name ist Maria. Ich arbeite in einem großen Hotel in Palma de Mallorca. Für mich gibt es viel zu tun: Empfangen und Betreuen der Besucher, Anrufe entgegennehmen und vieles mehr.

Ich heiße Abhay. Hier in Indien gibt es viele Touristen aus Europa oder aus anderen reichen Gegenden. Ich fahre die Leute mit meiner Fahrrad-Rikscha durch die Stadt. Ich bin ein Taxifahrer, nur mit dem Fahrrad.

1 Welche weiteren Berufe aus dem Bereich Tourismus kennst du?

Reisen lohnt sich – auch für den Gastgeber

Alle drei Personen leben vom Tourismus.
Ihre Aufgaben sind sehr unterschiedlich.

2 Trage die folgenden Stichwörter in die Tabelle ein:

Abhay – Empfangen und Betreuen der Gäste – Indien –
Leute mit der Rikscha fahren – Maria – Palma de Mallorca
Wirtin – ~~Resi~~ – Hotelfachfrau – Rikscha-Fahrer – Schwarzwald –
Zimmer putzen und kochen

	Name	Wohnort/Land	Beruf	Aufgaben
	Resi			

3 Es gibt viele Berufe im Bereich Tourismus.
Was ist die Aufgabe dieser Leute? Beschreibe.

Koch / Köchin ____________________

____

Reiseleiter / Reiseleiterin ____________________

____

Reiseprospekt für deinen Traumurlaub

Wohin würdest du gerne einmal verreisen?
Was ist dein Traumland oder deine Traumstadt?

1 Stell dir vor, du könntest in dein Traumland verreisen.

a) Was gibt es in deinem Traumland zu erleben?
b) Was gibt es dort zu sehen?
c) Warum ist dieser Ort ein ganz besonderer Ort?

In Reiseprospekten kannst du dich über dein Traumland informieren.

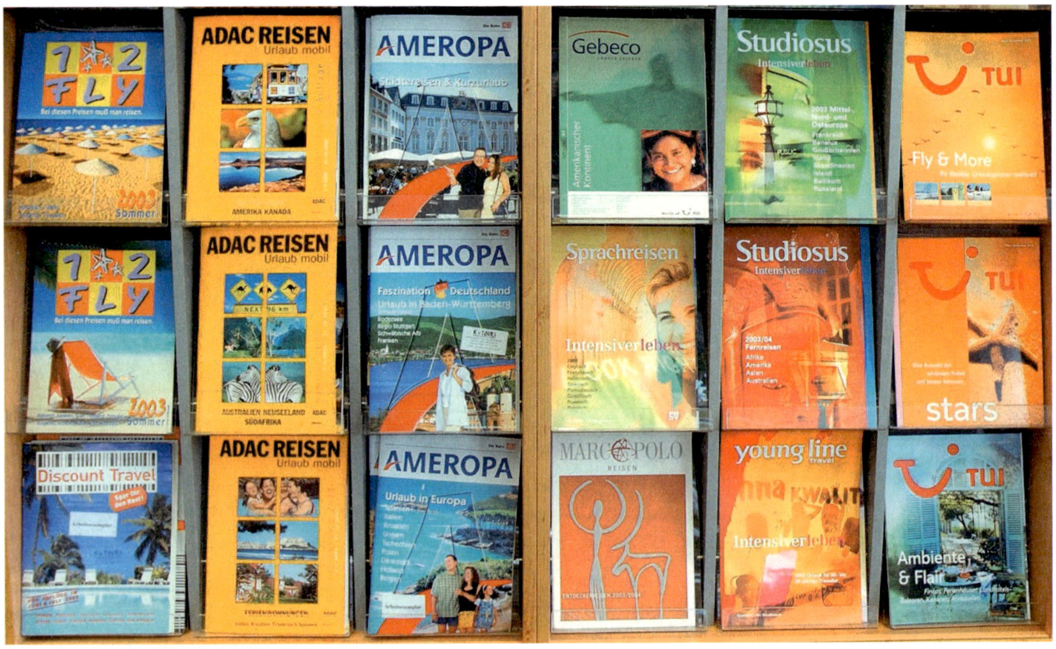

2 Überlegt gemeinsam und sammelt an der Tafel:
Was kann man aus Reiseprospekten erfahren?

→ Lage und Klima des Landes, Sehenswürdigkeiten, besondere Orte, Angebote, Preise …

3 Entwirf einen Reiseprospekt für dein Traumland oder deine Traumstadt.

Die folgenden Schritte helfen dir bei der Erstellung eines Reiseprospektes:

1. Notiere, was du bereits über das Land weißt.
2. Informiere dich über das Land:
   - Frage im Reisebüro nach Katalogen oder Prospekten.
   - Falls du Internet-Zugang hast: Gib den Namen des Landes in eine Suchmaschine ein.
3. Wähle einige Bilder aus.
4. Schreibe einen kurzen Text über das Land.
5. Überlege und schreibe passende Überschriften zu den Bildern.
6. Gestalte deinen Reiseprospekt nach deinen Vorstellungen.

→ Schreibprofi Umschlagklappe

So könnte dein Reiseprospekt aussehen.

Die Nachteile vom Tourismus

Der Tourismus bereitet auch Probleme für die Menschen. Darüber könnt ihr in den folgenden Zeitungsartikeln lesen.

Gestern kam es in der Innenstadt von Stralsund zu Protesten. Der Baulärm ist zwar nach der Fertigstellung der neuen Rügener Brücke vorbei, dafür stört die Anwohner und Hotelbesitzer jetzt der Verkehrslärm.

Klimaschützer blockierten am Wochenende die Landebahn des Düsseldorfer Flughafens. Sie protestierten gegen die niedrigen Preise von Kurzstrecken-Flügen. Diese sind ein Problem für die Umwelt: Bei einem Urlaubsflug nach Spanien wird das Klima so stark geschädigt wie durch ein Jahr Autofahren.

Drei Umweltverbände wollen ein neues Skigebiet am Sidelhorn in der Schweiz verhindern. Die Naturschützer beschweren sich: Besonders in den Bergen wird die Landschaft durch Skipisten zerstört. Ganze Wälder werden gefällt, damit Touristen Ski laufen können.

Heute findet in Palma auf Mallorca eine Demonstration statt. Den Bauern fehlt Wasser zur Bewässerung ihrer Felder. Der wichtigste Grund für den Wassermangel sind die zwölf Millionen Urlauber: Sie wollen nach dem Baden im Meer oft noch in den Hotels duschen.

Die Nachteile vom Tourismus

1 Schreibe die passende Überschrift zu den Zeitungsartikeln:

Wasserknappheit auf Mallorca

Nach dem Baulärm kam der Verkehrslärm

Billigflieger – teurer Spaß für die Umwelt

Proteste gegen geplantes Skigebiet

2 Welche Nachteile bringt der Tourismus? Verbinde.

Durch die Angebote der Billigflieger …	… und verschwenden dadurch viel Wasser.
Neue Straßen zu beliebten Reisezielen …	… fliegen immer mehr Leute immer öfter, was die Umwelt sehr belastet.
Viele Urlauber wollen nach dem Baden im Meer noch im Hotel duschen …	… werden manchmal ganze Wälder gefällt.
Beim Bau von Skipisten …	… steigern die Lärmbelastung in der Umgebung.

3 Welche weiteren Umweltprobleme können durch den Tourismus entstehen? Schreibe zu jedem Bild ein bis zwei Sätze auf.

4 Was kann man als Tourist tun, um die Probleme für die Umwelt möglichst gering zu halten? Sprecht darüber in der Klasse.

Das kann ich!

1 Stell dir vor, ein Tourist besucht deinen Wohnort.
Was würdest du ihm gerne zeigen?

____

____

____

____

2 Schreibe fünf Berufe aus dem Bereich Tourismus auf:

____

____

____

____

____

3 Welche Urlaubs-Aktivitäten sind nicht schädigend für die Umwelt?
Was fällt dir selbst noch ein?
Schreibe deine Idee in die leere Zeile.

- ☐ ins Schwimmbad gehen
- ☐ eine Fahrradtour unternehmen
- ☐ mit dem Flugzeug in den Urlaub fliegen
- ☐ in einer Jugendherberge übernachten
- ☐ Müll nach dem Picknick einsammeln und mitnehmen
- ☒ ______________________________

4 Welche Nachteile des Tourismus hast du in diesem Kapitel kennen gelernt? Beschreibe mit deinen eigenen Worten.

→ Wasserknappheit
Baulärm, Verkehrslärm
Müll auf Straßen
verschmutzte Luft und Wasser
zerstörte Landschaft

1)

2)

3)

4)

5)

5 Nun ist deine Meinung gefragt:
Was hat dir am Thema „Reisen und Tourismus" am meisten gefallen?

Und was guckst du?

Das alles sind Medien. Ihr benutzt sie, wenn ihr Musik hört, wissen wollt, wie euer Lieblingsverein gespielt hat, wenn ihr Fernsehen guckt oder eine Zeitung lest.

1 Überlegt gemeinsam, welche Medien ihr täglich nutzt.

2 Welche Medien nutzt ihr in der Schule?
Welche unterwegs? Welche zu Hause?

Medien und Massenmedien

Wir unterscheiden zwischen Medien und Massenmedien. Medien sind Mittel zum Austausch oder zur Übermittlung von Informationen. Es sind zum Beispiel Bücher, Plakate, Filme und das Telefon.

Massenmedien sind die Medien, in denen Informationen für sehr viele Menschen gleichzeitig zur Verfügung gestellt werden. Es sind zum Beispiel: Zeitung, Internet, Radio und Fernsehen.

3 Was sind Medien? Was sind Massenmedien? Ordne zu.

Medien	Massenmedien

→ Bücher
Briefe
Fernsehen
Filme
Fotos
Internet
Plakate
Radio
Zeitung

4 Welche Medien nutzt du?

5 Was erfährst du aus den Medien?

Medien im Alltag – eine Umfrage durchführen

Jeder von uns nutzt verschiedene Medien am Tag. Das Diagramm zeigt dir, welche Medien von wem am häufigsten genutzt werden.

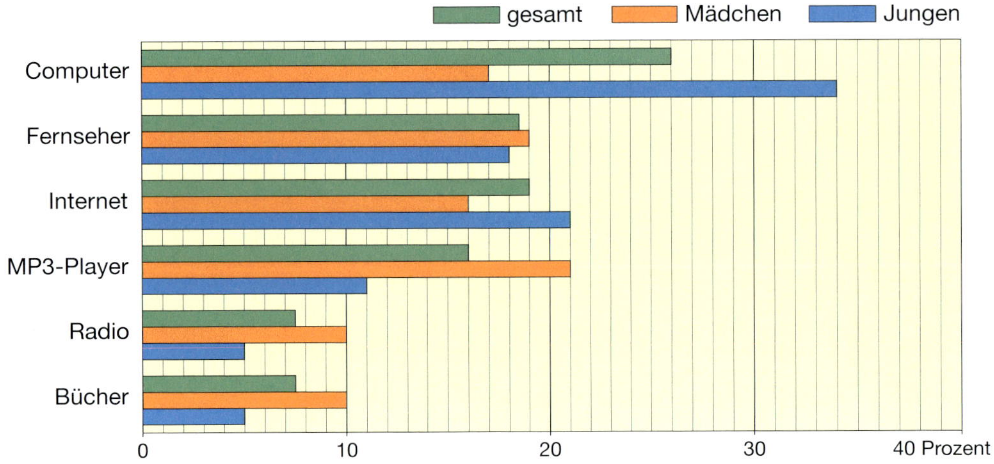

1 Sieh dir das Diagramm an. Beantworte die Fragen.

Welches Medium wird von Jungen am meisten genutzt?

____

Welches Medium wird von Mädchen am meisten genutzt?

____

Und wie ist das bei euch? Mit einer Umfrage könnt ihr das herausfinden.

Schritt 1: Die Vorbereitung

- Welche Fragen wollt ihr stellen?
- Sammelt Fragen und fertigt einen Fragebogen an.

Schritt 2: Die Durchführung

- Befragt eure Mitschüler.
- Jeder kann mehrere Jungen und Mädchen befragen.
- Stellt die Fragen und kreuzt die Antworten auf dem Fragebogen an.

2 Führt eine Umfrage durch.

Zu der Umfrage könnt ihr diesen Fragebogen benutzen.

1. Welche Medien nutzt du?

	Jungen		Mädchen	
	Ja	Nein	Ja	Nein
Fernsehen	☐	☐	☐	☐
Radio	☐	☐	☐	☐
Zeitung	☐	☐	☐	☐
Internet	☐	☐	☐	☐
Bücher	☐	☐	☐	☐

2. An wie vielen Tagen in der Woche guckst du Fernsehen?

	1	2	3	4	5	6	7
Jungen	☐	☐	☐	☐	☐	☐	☐
Mädchen	☐	☐	☐	☐	☐	☐	☐

3. Begrenzen deine Eltern deine Fernsehzeit?

	Ja	Nein
Jungen	☐	☐
Mädchen	☐	☐

4. Mit wem guckst du meistens fern?

	Jungen	Mädchen
mit meiner Familie	☐	☐
mit Freunden	☐	☐
alleine	☐	☐

5. Welche Art von Sendungen schaust du?

	Jungen	Mädchen
Talkshows	☐	☐
Soaps	☐	☐
Nachrichten	☐	☐
Spielfilme	☐	☐
Trickfilme	☐	☐
Comedy-Serien	☐	☐
Spielshows	☐	☐
Wissens-Sendungen (z. B. Galileo)	☐	☐
Sportsendungen	☐	☐

Eine Umfrage auswerten

3 Was habt ihr herausgefunden?
Vergleicht und besprecht eure Ergebnisse.
- Welche Medien werden viel genutzt? Welche wenig?
- Gibt es Unterschiede zwischen Mädchen und Jungen?
- Wenn ja, welche sind das?

4 a) Erstellt eine gemeinsame Liste an der Tafel.
Tragt eure Ergebnisse ein.
b) Ergänzt die folgenden Sätze mit euren Ergebnissen.

Diese Medien werden bei uns besonders viel genutzt:

Diese Medien werden von den Mädchen am meisten genutzt:

Diese Medien werden von den Jungen am meisten genutzt:

Diese Fernseh-Sendungen gucken die meisten Jungen:

Diese Fernseh-Sendungen gucken die meisten Mädchen:

Ihr könnt eure Ergebnisse auch grafisch darstellen.
Dazu braucht ihr zuerst die Zahlenwerte aus der Umfrage.
Die Zahlenwerte könnt ihr mit einer Strichliste ermitteln.

Welche Medien nutzt du?

	Jungen	Mädchen
Fernsehen	𝍸 𝍸 𝍸 𝍸 |	𝍸 𝍸 𝍸 |||
Radio	|||	𝍸
Zeitung	||	||
Internet	𝍸 𝍸 𝍸 𝍸 |	𝍸 𝍸 𝍸 |
Bücher	𝍸	𝍸 ||||

So könnte ein Diagramm zu diesen Werten aussehen.

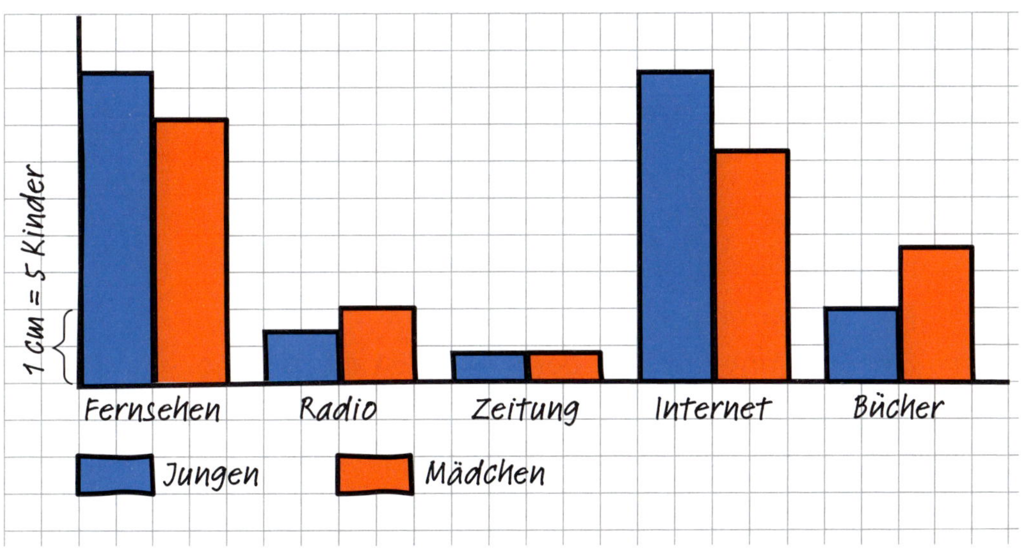

5 Versucht, eure Ergebnisse mit einem Diagramm darzustellen.

6 Welche Erfahrungen habt ihr bei der Befragung gemacht? Erzählt.

7 Wie viele Stunden Fernsehen am Tag findet ihr sinnvoll? Sprecht darüber in der Klasse.

Die Aufgaben der Medien

Die Zeitungen und das Fernsehen sind wichtige Massenmedien.

1 Wende den Schritt **4** vom Textknacker an.

→ Textknacker Umschlagklappe

Welche Aufgaben haben die Massenmedien?

Die Medien erfüllen verschiedene Aufgaben. Eine wichtige Aufgabe ist die Information. Die Nachrichten vermitteln uns Informationen, die wir persönlich nicht machen können, weil wir zum Beispiel nicht vor Ort sind.

Eine weitere Aufgabe ist die Meinungsbildung. Die Medien ermöglichen, dass die Menschen sich eine Meinung bilden können zu einem Ereignis, zu einem aktuellen Problem oder zu einer Person. Medien überprüfen auch, ob sich die Politiker und andere verantwortliche Personen korrekt verhalten. Das nennen wir Kontrolle.

Die Medien bringen auch Beiträge zu allgemein bildenden und kulturellen Themen. Medien vermitteln Wissen und Erfahrungen. Eine wichtige Aufgabe der Medien ist die Bildung.

Und die Medien haben auch noch eine andere Aufgabe: die Unterhaltung. Dazu gehören die Sendungen mit Musik und Humor, Reise- und Sportberichte und vieles mehr. Zu der Unterhaltung gehören Sendungen, die die Zuschauer amüsieren und begeistern.

2 Was habt ihr über die Aufgaben der Medien erfahren?

Die Aufgaben der Medien

Diese Artikel sind aus einer Schülerzeitung.

3 Die Medien haben verschiedene Aufgaben.
Schreibe die passenden Begriffe unter die Zeitungsartikel.

→ Meinungsbildung
Information
Kontrolle
Unterhaltung

Schulkiosk eröffnet

Unser neuer Schulkiosk wurde eröffnet. In den Pausen könnt ihr dort Brötchen und Getränke kaufen.

Schließung des SV-Raums

Brauchen wir einen SV-Raum? Wir meinen ja. Denn dort können wir uns treffen und über wichtige Themen reden. Wir finden, der Raum sollte nicht geschlossen werden.

Mofa-AG

Am Montag, dem 27.11., beginnt die Mofa-AG. Die Anmeldung ist ab sofort bei Frau Kroll möglich.

Der Witz der Woche

Lehrer: „*Fritzchen, komm mal an die Tafel! Zeig mir auf der Wandkarte, wo Amerika liegt!*“
Fritzchen: „*Hier ist Amerika!*“
Lehrer: „*Gut! Und wer hat Amerika entdeckt?*“
Klasse: „*Das war doch Fritzchen!*“

Schülersprecherwahl

Bei der letzten Schülersprecherwahl waren gefälschte Stimmzettel im Umlauf. Das Wahlergebnis ist nicht gültig. Die Wahl wird am 16.11. wiederholt. Die Klassensprecher werden den korrekten Verlauf überwachen und in unserer nächsten Ausgabe darüber berichten.

Handyverbot

Seit letzter Woche sind Handys an unserer Schule verboten.
Wir finden das nicht gut, denn wir wollen in den Pausen Musik hören, SMS schreiben und Spiele spielen.
Wir wollen auf der nächsten Schulkonferenz über dieses Problem sprechen.

Eine Klassenzeitung gestalten

Es gibt viele Ideen, wie ihr eure Klassenzeitung mit Inhalten füllen könnt.

Dein Bericht über die neue Playstation

Die Ergebnisse des letzten Spieltages der Fußball-Bundesliga

Styling-Tipps

Deine Meinung über dein Lieblingstier

Die aktuellen Charts

Liedtexte

In eurer Klassenzeitung können erscheinen:

- einige von euch gesammelte Zeitungsartikel
- selbst geschriebene Texte (Berichte, Kommentare)
- selbst geschriebene Texte aus dem Schulleben
- eigene und ausgewählte Zeichnungen oder Fotos

So könnt ihr vorgehen:

1. Überlegt gemeinsam:
   Welche Themen wollt ihr in der Klassenzeitung haben?
   Welche Beiträge sollen an welche Stelle?
   Welchen Namen soll eure Klassenzeitung haben?
2. Bildet Gruppen nach Themen.
   Schreibt eigene Texte zu den ausgewählten Themen.
   Malt Bilder oder sucht passende Fotos dazu.
   Jede Gruppe gestaltet ihre Seiten.
3. Ordnet die Seiten in die richtige Reihenfolge.
   Die fertige Zeitung könnt ihr in der Klasse auslegen.

1 Welche weiteren Ideen hast du für eure Klassenzeitung?
Schreibe sie in die leeren Kästchen auf Seite 26.

2 Denke dir ein Thema aus, worüber du gerne berichten möchtest.
Überlege eine Überschrift für deinen Text.

3 Schreibe einen Beitrag für die Klassenzeitung.
Wende die Schritte 1 bis 3 vom Schreibprofi an.

→ Schreibprofi
Umschlagklappe

Unterwegs im Internet

Anja und Marcel unterhalten sich im Computerraum.

1 Worüber sprechen Anja und Marcel?

2 Klärt gemeinsam: Was ist Surfen? Was ist Chatten?

→ Lexikon: S. 104–112

3 Wie ist es bei euch? Habt ihr Zugang zum Internet?

4 Habt ihr schon einmal gechattet?
Welche Erfahrungen habt ihr gemacht?

5 Marcel weiß nicht, was ein Internet-Filter ist.
Versucht es, ihm zu erklären.

6 Ergänze die folgenden Sätze.

Im Internet kann ich surfen. Das bedeutet, ______________________

____

Im Internet kann ich chatten. Das bedeutet, ______________________

____

Im Internet kann ich Informationen suchen, zum Beispiel

____

Das mache ich mit einer ______________________________.

Internet-Quiz: Richtig oder falsch?

	Ja	Nein	Ich weiß es nicht
1. Jeder kann Informationen ins Internet stellen.	☐	☐	☐
2. Alles, was im Internet steht, ist wahr.	☐	☐	☐
3. Im Internet findest du nur aktuelle Informationen.	☐	☐	☐
4. Im Internet gibt es keine Werbung.	☐	☐	☐
5. Das Herunterladen von Musik ist immer kostenlos.	☐	☐	☐

7 Vergleicht eure Ergebnisse.
Diskutiert, wenn ihr unterschiedlicher Meinung seid.

Spielen am Computer

Computerspiele können viel Spaß machen.
Ihr könnt in fremde Welten eintauchen, gegen andere antreten und Kontakt zu anderen aufnehmen.

1 Von welchen Spielen oder virtuellen Welten hast du gehört?

→ Lexikon: S. 104–112
virtuelle Welt

Spielen am Computer

2 Welche Computerspiele hast du schon gespielt?

3 Welche würdest du gerne spielen?

4 Was meinst du: Macht das Spielen von Computerspielen aggressiv? Begründe deine Meinung.

☐ Ja, ☐ Nein,

weil

Im Jahre 2002 passierte der folgende Fall.

Amoklauf* in Erfurt

Erfurt, im Jahre 2002: Der 19-jährige Robert Steinhäuser erschießt zwölf Lehrer, eine Sekretärin, zwei Schüler und einen Polizisten. Anschließend tötet er sich selbst. Robert Steinhäuser hatte mehrere brutale Videofilme besessen. Und er spielte öfter Computerspiele, in denen man in die Rolle eines Gewalttäters schlüpft.

* Amoklauf: **Amok** bedeutet übersetzt „in blinder Wut angreifen und töten“.

5 Siehst du einen Zusammenhang zwischen dem Zeitungsartikel und Computerspielen?

6 Diskutiert, welche Folgen das Spielen von gewalttätigen Computerspielen haben kann.

Das kann ich!

1 Was ist richtig? Was ist falsch?
Kreuze den richtigen Satz an.

a)

☐ Ich teile niemandem meine persönlichen Daten wie Name, Adresse oder Telefonnummer mit.

☐ Ich gebe meine persönlichen Daten wie Name, Adresse oder Telefonnummer im Internet weiter.

b)

☐ Ich benutze für E-Mail-Adressen, bei Chats oder anderen Eingaben lieber einen Spitznamen, z. B. von meiner Lieblings-Comicfigur.

☐ Ich gebe in Chats meinen richtigen Namen, meine E-Mail-Adresse und Kontonummer weiter.

c)

☐ Ich gebe mein Passwort an andere weiter. Sie können ja doch nichts damit anfangen.

☐ Wenn ich ein Passwort habe, behalte ich es für mich. So kann niemand so tun, als wäre er oder sie ich.

2 Ergänze die Sätze mit den passenden Wörtern.

a) Fernsehen, Radio und Internet sind ______________________.
(Klassensprecher / Massenmedien)

b) Wenn du einen Internet-Zugang hast, kannst du ______________________
(chatten / klettern)

und ______________________.
(surfen / segeln)

c) Dazu brauchst du einen ______________________.
(Browser / Brause)

d) Massenmedien liefern uns ______________________.
(Konfirmationen / Informationen)

e) Eine wichtige Aufgabe der Medien ist die ______________________.
(Kontrolle / Konfetti)

3 Hier sind einige Tipps für gelungene und informative Seiten im Internet.
Gib die Adresse in deinen Browser ein.
Was findest du auf diesen Seiten?

http://www.geo.de/GEOlino/

http://www.wikipedia.de/

http://www.tivi.de/

http://www.internet-abc.net

4 Schreibe auf, was dich an diesem Kapitel besonders interessiert hat.

Das Mittelalter

1 Sieh dir die Bilder auf der linken Seite genau an. Beschreibe die Bilder.

2 Um wen geht es hier? Trage die passenden Wörter ein.

„Ich trage eine Krone auf dem Kopf und halte das Zepter in der Hand. Ich bin der ____________________."

„Ich trage eine Rüstung und bin bewaffnet. Ich bin ein ____________________."

„Ich trage eine Kutte und schreibe ein Buch. Ich bin ein ____________________."

„Ich arbeite mit meiner Frau in einer Werkstatt. Wir sind ____________________."

„Ich arbeite auf dem Feld. Ich bin ein ____________________."

→ Bauer, Handwerker, König, Mönch, Ritter.

3 Die Zeit des Mittelalters ist auf der Zeitleiste farbig markiert.

a) Zwischen welchen Zeitaltern befindet sich das Mittelalter?

zwischen ____________________ und ____________________

b) Wann war die Zeit des Mittelalters?

von ____________________ bis ____________________

Die Stände – Ordnung

Im Mittelalter war das Leben der Menschen anders als heute.
Jede Familie gehörte einem bestimmten Stand an.
Es gab den Stand der Geistlichen, des Adels und der Bauern.
Die Tagelöhner und Bettler gehörten keinem Stand an.
Nur in Ausnahmen konnte jemand in einen anderen Stand wechseln.

➔ Lexikon: S. 104–112
Stand

Abb. 1:

Zwischen den Ständen gab es große soziale und rechtliche Unterschiede. Es war genau festgelegt, wer welche Kleidung tragen durfte.
Jeder Stand hatte eine bestimmte Aufgabe.

Abb. 2:

Die Stände – Ordnung

1 Sieh dir die Abbildung 1 an.
Ordne die folgenden Begriffe zu den Bildern.

→ Adlige
Bauern
Geistliche

2 Sieh dir die Abbildung 2 an.
Was siehst du auf dem Bild?
Beschreibe das Bild.

3 Du findest im Bild drei lateinische Kommentare in alter Schrift.
Kannst du entziffern, welcher Kommentar wohin gehört?
Schreibe die Übersetzung auf die Linien neben die Abbildung.

Tu supplex ora = Bete!

Tu protege = Beschütze!

Tuque labora = Arbeite!

Die folgenden Arbeitsschritte helfen dir, Bilder zu deuten:

1. Schritt: Beobachtung
Betrachte das Bild.
Wie ist dein erster Eindruck?

2. Schritt: Beschreibung
Was siehst du?
Beschreibe das Bild so genau wie möglich:
Personen und Gegenstände.
Gehören Texte zum Bild?

3. Schritt: Deutung
Wer ist das auf dem Bild?
Was tun die Leute?
Was hat der Text mit dem Bild zu tun?

4. Schritt: Einordnung
Überlege dir eine passende Überschrift für das Bild.

4 Versuche nun, mit Hilfe dieser Arbeitsschritte
die Abbildung 2 zu deuten.

Religiöses Leben im Mittelalter

In einem Kloster

Lexikon: S. 104–112 Kloster

Im Mittelalter war das Leben sehr stark vom Glauben geprägt. Oft traten Menschen als Nonne oder als Mönch in ein Kloster ein. Beten und Arbeiten – davon war das Leben im Kloster bestimmt.

Was arbeiteten die Nonnen und Mönche? Viele Klöster hatten ein Krankenhaus angeschlossen und versorgten alte und kranke Menschen. Fast jedes Kloster hatte eine Klosterschule. Hier wurde Lesen und Schreiben gelehrt.

Einige Klöster hatten eine Werkstatt, in der die Mönche zum Beispiel als Schreiner oder Zimmermann arbeiteten. Einige Klöster hatten riesige Gärten mit Heilpflanzen und Obstbäumen, die bewirtschaftet werden mussten.

Und natürlich wurde in der Arbeitszeit gelesen, geschrieben und studiert.

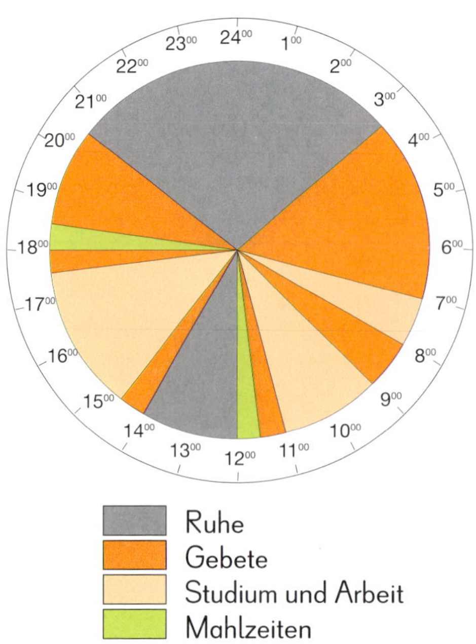

Religiöses Leben im Mittelalter

Im Text findest du Beispiele dafür, was die Nonnen und Mönche während ihrer Arbeitszeit zu tun hatten.

1 Schreibe neben die Bilder, was und wo hier gearbeitet wird.

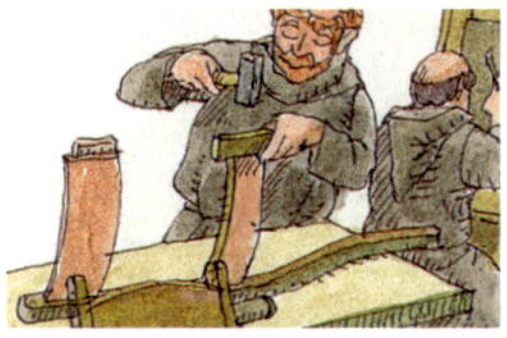

2 Sieh dir die Grafik auf S. 38 an.
Hier kannst du ablesen, wann und was die Mönche getan haben.
Beschreibe mit Hilfe der Grafik den Tagesablauf in einem Kloster.

„Um 3.30 Uhr müssen die Nonnen und Mönche aufstehen.
Der Tag beginnt mit …“

3 Schreibe in einer Tabelle auf, was du den Tag über machst.

6.30	Aufstehen
7.00	Frühstücken
7.30	Zur Schule gehen

4 Vergleiche deine Tabelle mit dem Tagesablauf im Kloster.

Buchstaben kunstvoll gestalten

Im Mittelalter wurden die Bücher in den Schreibwerkstätten der Klöster von Hand geschrieben oder abgeschrieben. Den Schreibern war es sehr wichtig, gleichmäßig und schön zu schreiben. Außerdem verzierten sie die Bücher kunstvoll mit farbigen Bildern.

Die Initialen

Eine besondere Kunst war das Verzieren von Initialen (= Anfangsbuchstaben). Dabei gab es verschiedene Möglichkeiten:

In die großen Buchstaben wurden Bilder hineingemalt, die mit dem Thema zu tun hatten.

Der Buchstabe wurde mit Ornamenten (= Verzierungen) ausgeschmückt.

Der Buchstabe wurde selbst zu einem Hauptgegenstand in einer gemalten Szene.

So kannst du ein Lesezeichen mit deiner Initiale herstellen.

1. Schneide aus Pappe ein Lesezeichen in der Größe der Vorlage aus.
2. Schreibe den Anfangsbuchstaben deines Namens auf das Lesezeichen.
3. Überlege dir, wie du dein Initial verzieren möchtest:
   – mit Bildern, die etwas über dich aussagen,
   – mit Ornamenten,
   – als Teil eines ganzen Bildes.

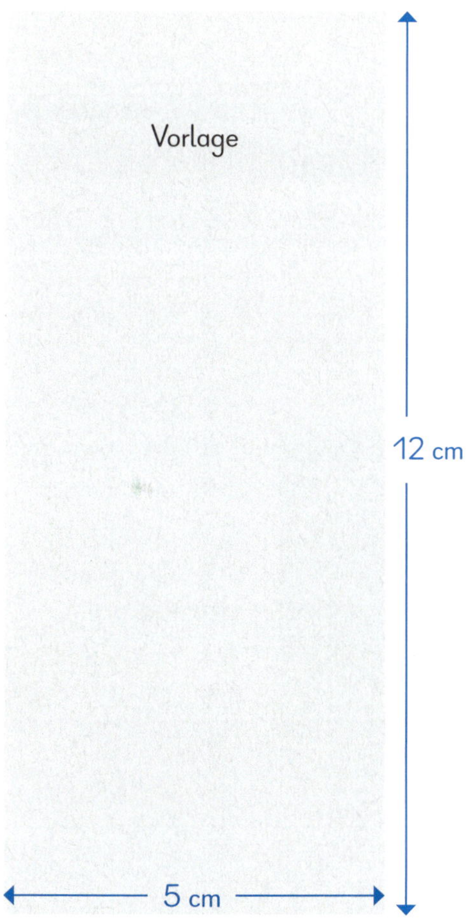

Christopher hat sein Lesezeichen mit seiner Initiale „C" gestaltet. So sieht sein fertiges Lesezeichen aus.

1 Gestalte dein eigenes Lesezeichen mit deiner Initiale. Verwende dazu die Buchstaben hier am Rand.

A B C
a b c
D E F
d e f
G H I
g h i
J K L
j k l
M N O
m n o
P Q R
p q r
S T U
ſ t u
V W X
v w x
Y Z
y z

Ritter und Burgen

Die Ritter waren im Mittelalter die Krieger des Königs.

Die Ausrüstung der Ritter bestand aus:

- Helm
- Kettenhemd,
- Schienen an Armen und Beinen.

Als Waffen trugen sie:

- Lanze
- Schwert
- Streitkolben

Ritter lebten auf einer Burg.
Noch heute gibt es viele Orte, die mit ...-burg oder ...-stein enden.

1. Zugangsstraße
2. Burgtor
3. Zugbrücke
4. Pechnase
5. Torhaus
6. Fallgatter
7. Burghof
8. Bergfried
9. Zinnenkranz
10. Ziehbrunnen
11. Stallungen
12. Zeughaus
13. Kapelle
14. Kemenate
15. Wirtschaftsgebäude
16. Wehrgang
17. Zwinger
18. Ringmauer
19. Schießscharte
20. Wassergraben

Die Burgen waren oft umkämpft.
Dann mussten die Burgbewohner ihre Burg verteidigen.
In Friedenszeiten veranstaltete man gerne Feste mit Jagden und Turnieren.
Die Ritterfamilien legten Wert darauf, „ritterlich" zu leben: Höflichkeit, Selbstbeherrschung, Zuverlässigkeit und Schutz der Schwachen waren ihnen wichtig.

Im 15. Jahrhundert wurden die Feuerwaffen (Kanonen und Gewehre) immer wichtiger. Damit ging die Zeit der Ritter zu Ende.

Ritter und Burgen

1 Was brauchte ein Ritter? Ordne die folgenden Wörter den Begriffen zu.

Kleidung / Ausrüstung: ______________________

____

Waffen: ______________________

____

→ Kettenhemd
Lanze
Schwert
Schild
Helm
Streitkolben

2 Welche Orte kennst du, die auf …**burg** oder …**stein** enden?

3 Ritter Kunibert führt durch seine Burg.

a) Trage die richtige Zahl aus der Zeichnung der Burg in die Klammern ein.
b) Beende den letzten Satz.

Meine Burg ist gut gesichert, wie alle Burgen. Die Ringmauer um die Burg ist bis zu einem Meter dick. ( ) In die Mauer sind Schießscharten eingelassen. Das sind kleine Fenster, durch die meine Leute auf Feinde schießen können. ( ) Es führt nur eine Zugangsstraße zur Burg. ( ) Hier gibt es eine Zugbrücke. Nur wenn meine Leute sie herunter lassen, kann man die Burg betreten. ( ) Sonst würde man in den Wassergraben fallen. ( ) Durch das Burgtor ( ) und das Torhaus ( ) gelangt man in das Innere der Burg. Ein Fallgatter schützt zusätzlich vor Feinden. Das ist eine Art heruntergelassener Zaun. ( ) Im Inneren der Burg findest du unterschiedliche Gebäude:

____

____

4 Ritterliche Eigenschaften, wie Höflichkeit und Hilfsbereitschaft, sind auch heute noch wichtig für den guten Umgang miteinander. Wann warst du zuletzt höflich oder hilfsbereit?

Das Leben der Bauern

Im frühen Mittelalter gab es nur wenige Städte.
Die Menschen lebten hauptsächlich als Bauern in kleinen Dörfern.

„Ich bin ein freier Bauer. Ich bearbeite meinen eigenen Hof mit Feldern und Garten. Ich versorge meine Tiere. Aber fast jedes Jahr muss ich Kriegsdienst leisten. Geld bekomme ich keins, meine Ausrüstung muss ich auch selber besorgen. Und wenn ich weg bin, kann ich mich nicht um meinen Hof kümmern. Wir sind schon völlig verarmt!"

„Mach es wie ich: Ich konnte auch nicht mehr! Alles habe ich meinem Grundherren übertragen und bin sein „Unfreier" geworden. Nun muss ich zwar Abgaben zahlen und Frondienste* leisten. Aber ich muss auch nicht mehr in den Krieg ziehen!"

* Frondienste = Arbeiten, die ein unfreier Bauer für seinen Grundherren leistete

1 Lies das Gespräch zwischen den beiden Bauern.

2 Welche Vorteile und welche Nachteile hatten freie Bauern und unfreie Bauern? Trage in die Tabelle ein.

	freie Bauern	unfreie Bauern
Vorteile		
Nachteile		

Alle mussten mithelfen

Auch die Kinder mussten bereits mithelfen. Mit fünf oder sechs Jahren erledigten sie kleinere Arbeiten: Kühe oder Schweine hüten, Holz und Beeren sammeln. Wenn sie älter wurden, mussten sie auf dem Acker helfen. Mit etwa zehn Jahren konnten sie schon gut mit den Tieren und den Ackergeräten umgehen. Zur Schule gingen sie nicht.

3 Was hatte ein Bauer alles zu tun? Beschreibe die Bilder.

Ein Bauer musste ______________________

____

____

____

____

→ Getreide säen, mähen, dreschen

Obst ernten

Schweine hüten, schlachten

4 Wo hilfst du zu Hause mit? Erzähle.

Das Leben in der Stadt

Zu Beginn des 13. Jahrhunderts änderte sich das Leben der Menschen. Nun entwickelten sich Städte. Hier arbeiteten die Leute vor allem als Handwerker oder Händler.

Warum zog es die Leute in die Städte?

Zwei Jugendliche aus dem Mittelalter berichten:

Jonas, 14 Jahre

„Ich möchte vom Land in die Stadt umziehen. Ich interessiere mich für Gewürze, Stoffe und kostbare Steine. Gerne würde ich bei einem Kaufmann in der Stadt arbeiten und ihn auf seinen Handelsreisen begleiten."

„Ich möchte ebenfalls in die Stadt. Ich bin sehr geschickt bei Handarbeiten. Sicher finde ich Arbeit bei reichen Leuten oder als Helferin in einer Schneiderei. Dann muss ich nicht mehr die schwere Landarbeit verrichten. Und ich will nicht an einen Knecht verheiratet werden, wie es meiner Schwester passiert ist."

Maria, 13 Jahre

Handwerksberufe in einer mittelalterlichen Stadt

In der Stadt wurden viele verschiedene Handwerker gebraucht: Bäcker, Töpfer, Müller, Schmiede, Schneider, Weber, Färber und viele mehr. Die einzelnen Handwerksberufe schlossen sich zu Gruppen zusammen. Diese Gruppe nannte man Zünfte. Die Zünfte überprüften das Können der Handwerker und legten die Preise für ihre Waren fest.

Schmied

Weber

Bäcker

Das Leben in der Stadt

1 Beantworte die Fragen.

a) Wofür interessiert sich Jonas?

b) Warum will er in die Stadt umziehen?

c) Was kann Maria gut?

d) Warum will sie nicht mehr auf dem Land leben?

2 Welche vier mittelalterlichen Berufe sind auf den Zunftwappen dargestellt? Ordne die Zunftwappen den Berufen zu.

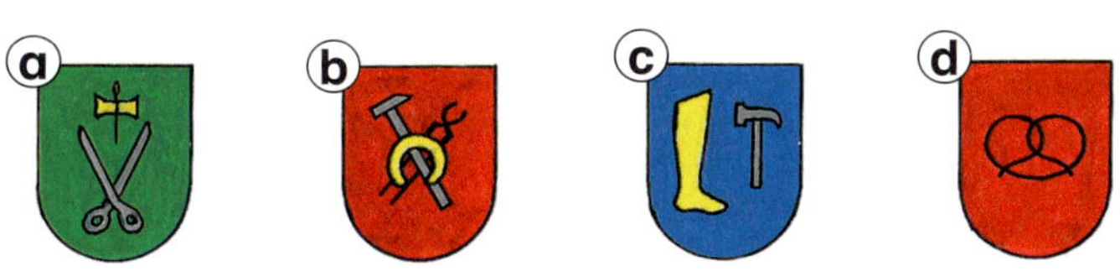

Bäcker: ☐ Schneider: ☐ Schmied: ☐ Schuhmacher: ☐

3 Was möchtest du einmal von Beruf werden?

4 Überlege dir ein passendes Zunftwappen für deinen Wunsch-Beruf.

a) Bedenke dabei: Es soll einfach zu erkennen sein. Die wichtigsten Werkzeuge, Gegenstände oder Produkte des Berufes sollten darauf abgebildet sein.
b) Male dein Zunftwappen in dein Heft.

Das kann ich!

1 Ordne die Begriffe den Beschreibungen zu:

freie Bauern, Grundherren, Initialen, Stände, ~~Turnier~~, unfreie Bauern, Zünfte.

Sie hatten einen eigenen Hof mit Feldern, Garten und Ställen. Sie mussten aber Kriegsdienste leisten.

____

In Friedenszeiten veranstaltete man gerne diese Wettkämpfe.

Turnier

Ein anderes Wort für „Anfangsbuchstaben".

____

Sie mussten ihrem Grundherren Abgaben zahlen und Frondienste leisten. Aber sie mussten auch nicht mehr in den Krieg ziehen.

____

Im Mittelalter gab es drei davon: Geistliche, Adlige und Bauern. Tagelöhner und Bettler gehörten keinem davon an.

____

Er bot den unfreien Bauern Schutz und ersparte ihnen den Kriegsdienst. Die Bauern mussten dafür Abgaben zahlen und Frondienste leisten.

____

In den Städten schlossen sich die einzelnen Handwerksberufe zu diesen Gruppen zusammen.

____

2 Viele Namen von heute sind von mittelalterlichen Berufen abgeleitet.
Verbinde die Namensschilder mit den passenden Bildern.

Susanne **Bäcker** | Klaus **Wagner** | Peter **Schmidt** | Maria **Weber**

3 Richtig oder falsch? Kreuze an.
Überlege, ob diese Behauptungen über das Mittelalter zutreffend sind.
In Klammern steht die Seite, auf der du nachschlagen kannst.

	richtig	falsch
1. Im Mittelalter war das Leben der Menschen anders als heute. (Seite 36)	☐	☐
2. Jede Familie gehörte einem bestimmten gesellschaftlichen Stand an. (Seite 36)	☐	☐
3. Im Mittelalter war das Leben sehr stark vom Glauben geprägt. (Seite 38)	☐	☐
4. Klöster gab es damals noch nicht. (Seite 38)	☐	☐
5. Die Ausrüstung der Ritter bestand aus einer blauen Uniform. (Seite 42)	☐	☐
6. Die Ritter lebten auf Burgen. (Seite 42)	☐	☐
7. Als im 15. Jahrhundert Kanonen und Gewehre immer mehr Bedeutung gewannen, wurden die Ritter besonders wichtig. (Seite 42)	☐	☐
8. Im frühen Mittelalter gab es nur wenige Städte. Die meisten Menschen lebten als Könige auf dem Land. (Seite 44)	☐	☐
9. Ab dem 13. Jahrhundert entwickelten sich Städte. (Seite 46)	☐	☐
10. In den Städten gab es viele Handwerker. Sie schlossen sich zu Zünften zusammen. (Seite 46)	☐	☐

4 Nun ist deine Meinung gefragt:
Was hat dir am Thema „Mittelalter" am meisten gefallen?

Die Zeit der Entdeckungen

1 Seht euch das Bild an.
Was machen die Menschen?

Eine neue Zeit bricht an

Vor über 500 Jahren brach die Zeit der Entdeckungen an. Die Menschen gingen mit dem Schiff auf Entdeckungsreisen. Sie suchten unbekannte Länder und neue Seewege. Ihre Vorbilder waren die Griechen und Römer des Altertums. Denn die Griechen und Römer hatten schon viel erforscht. Man nennt diese Zeit auch „Renaissance“ (sprich: „Renesons“). Dieses Wort bedeutet „Wiedergeburt“. Die Ideen der Griechen und Römer sollten wiedergeboren werden.

Kolumbus entdeckt Amerika

Die Europäer erobern das Aztekenreich

1000 — 1492 — 1500 — 1519–1521 — 2000

Auf dieser Seite siehst du, was dich in diesem Kapitel erwartet.

2 Sieh dir die Bilder genau an.
Schreibe die Wörter rechts unter die richtigen Bilder.

- die Entdeckung eines neuen Kontinents
- das blutige Menschenopfer
- Die Eroberer kommen!
- Neue Früchte kommen nach Europa.

Eine neue Zeit bricht an

1 Beschreibt das Bild. Was machen die Menschen?

Ein neues Weltbild

Im Mittelalter glaubten die Menschen, dass die Sonne, der Mond und die Planeten sich um die Erde drehen. Sie dachten, dass die Erde der Mittelpunkt der Welt ist.

Vor ungefähr 450 Jahren beobachtete ein Mann den Himmel sehr genau. Er hieß Kopernikus. Dabei machte er eine wichtige Entdeckung. Er stellte fest, dass die Erde und die anderen Planeten sich um die Sonne drehen. Die Sonne ist der Mittelpunkt in unserem Sonnensystem.

2 Sprecht in der Klasse darüber, was ihr über die Sonne und die Planeten wisst.

So stellten sich die Menschen im Mittelalter das Weltall vor:

Das beobachtete Kopernikus:

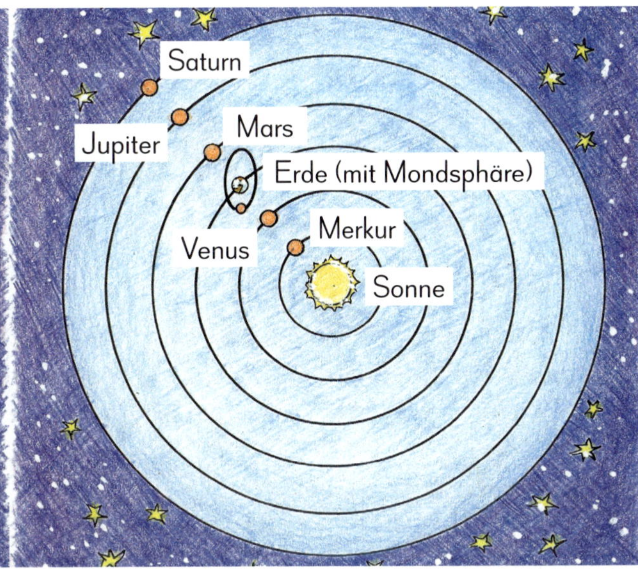

3 Ordne die Sätze in die Tabelle ein.

- In der Mitte ist die Sonne.
- In der Mitte ist die Erde.
- Die Erde und die anderen Planeten drehen sich um die Sonne.
- Die Sonne und die Planeten drehen sich um die Erde.
- Die Erde bewegt sich nicht.
- Die Erde bewegt sich.

Kolumbus entdeckt Amerika

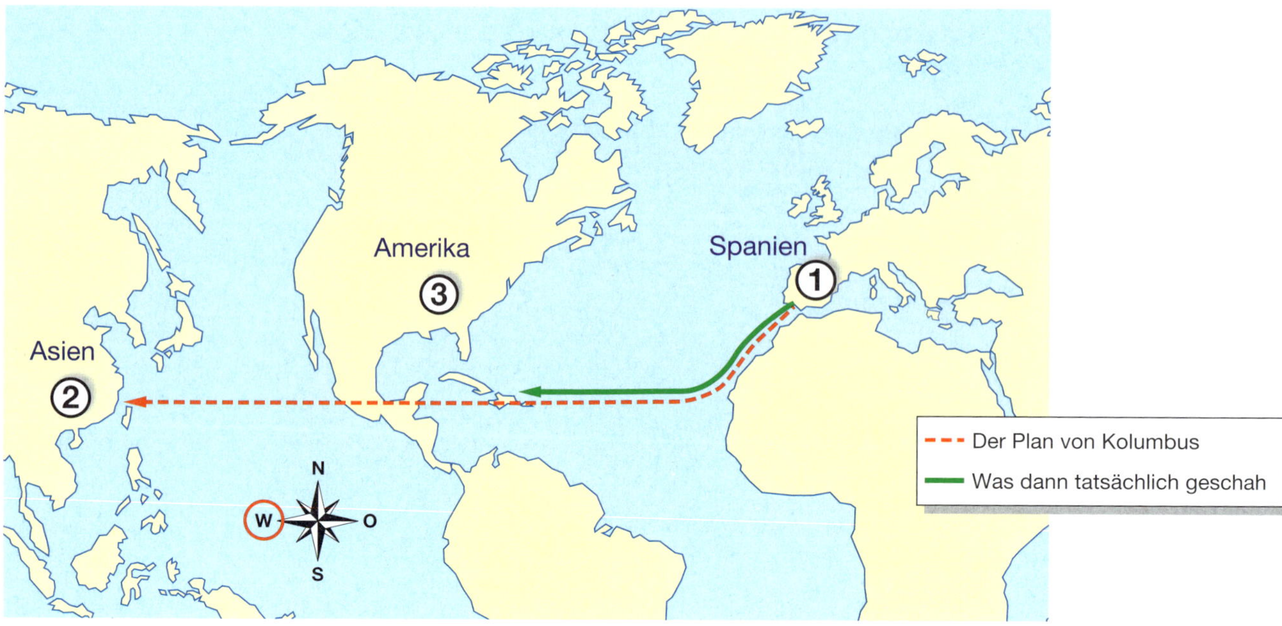

Der Plan von Kolumbus

„Mein Name ist Christoph Kolumbus. Ich habe einen Plan. Ich fahre mit dem Schiff von Spanien ① nach Asien. Das hat vor mir noch kein Mensch gewagt. Ich fahre immer weiter nach Westen. Ich fahre so lange, bis ich in Asien ② ankomme."

Was dann tatsächlich geschah

Kolumbus war mit seinen Männern schon über 10 Wochen unterwegs. Da rief plötzlich ein Matrose: „Land in Sicht! Land in Sicht!" Sie hatten „aus Versehen" einen neuen Kontinent entdeckt: Amerika ③! Aber sie wussten es nicht! Kolumbus glaubte, dass er in Asien ② gelandet ist. Asien nannte man damals Indien. Deshalb nannte Kolumbus die Ureinwohner von Amerika „Indianer".

1 Erzählt mit eigenen Worten:
- Was plante Kolumbus?
- Was geschah tatsächlich?

Kolumbus entdeckt Amerika

Die Männer von Kolumbus und die Indianer begegnen sich

- fast nackt
- Rüstungen
- Waffen, Helme
- Geschenke
- Sie bringen Geschenke aus Gold.
- Sie stehen mit Waffen an Land.

2 Beschreibt das Bild.

3 Vergleicht die Männer von Kolumbus und die Indianer.
Tragt die passenden Wörter in die Tabelle ein.

	Die Männer von Kolumbus	Die Indianer
Kleidung		
Gegenstände		
Was machen sie?		
Was fällt dir sonst noch auf?		

Methode

Quellentexte verstehen

Menschen haben schon vor langer Zeit aufgeschrieben, was sie erlebt haben. Solche Texte nennen wir Quellentexte.

1 Lies den Text.
Wende die Schritte **6** und **7** vom Textknacker an.

→ Textknacker Umschlagklappe

Das Tagebuch von Kolumbus

Christoph Kolumbus hat auf seiner Reise ein Tagebuch geführt. Darin hat er jeden Tag aufgeschrieben, was auf der Reise passiert ist. Das Tagebuch schrieb er für die Königin und den König von Spanien. Sie hatten das Geld für die Schiffe gegeben. Sie wollten neue Länder gewinnen und beherrschen. Die Menschen dort sollten zum Christentum bekehrt werden.

Kolumbus und seine Männer stießen auf eine Insel vor Amerika.

Kolumbus schrieb am 12. Oktober 1492:

„Wir begaben uns an Land. In unseren Booten hatten wir Waffen. Und wir hatten Glasperlen und kleine Glocken als Geschenke dabei.

Sofort kamen viele Indianer zu uns. Sie brachten Papageien und Baumwolle. Sie hatten keine Waffen bei sich. Sie kannten kein Eisen. Als ich ihnen ein Schwert zeigte, schnitten sie sich daran.

Die Indianer sind bestimmt kluge Diener. Ich glaube, dass sie zum Christentum übertreten.“

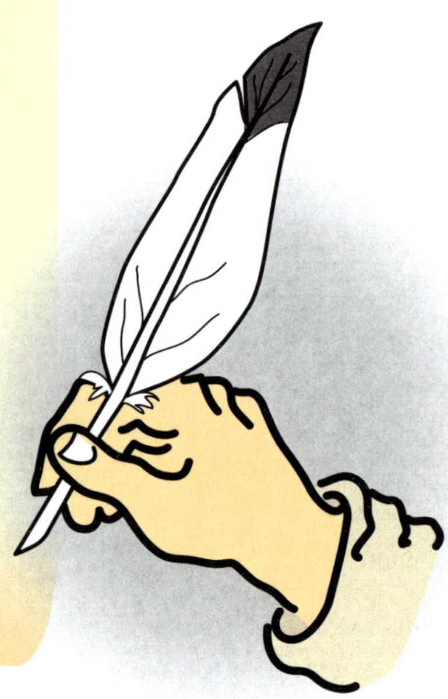

2 Beantworte die Fragen zum Text.

Wer hat den Text geschrieben? ______

Was für ein Text ist es? ______

Für wen hat er den Text geschrieben? ______

______

Wo hat er den Text geschrieben? ______

Wann hat er den Text geschrieben? ______

Was erfahren wir?

Die Männer von Kolumbus ______

______

______

Die Jndianer ______

______

______

______

3 Welche Informationen sind für die Königin und den König von Spanien besonders wichtig?

Die Jndianer sind ______

______

______

______

Warum sind diese Informationen wichtig? Begründe.

Amerika, bevor Kolumbus kam

**Kolumbus entdeckte im Jahr 1492 Amerika.
Zu dieser Zeit lebten dort verschiedene Völker.**

1 Beschreibt, was ihr auf dem Bild seht.

Die Azteken

In der Hauptstadt der Azteken lebten etwa 250.000 Menschen. Die Hauptstadt war größer als die meisten Städte in Europa. Jeden Tag kauften und verkauften viele Leute Waren auf einem Markt: Gegenstände aus Gold und Silber, Edelsteine, Holz, Felle, Mais, Bohnen, Kakao und vieles mehr. Händler brachten von ihren Reisen Gegenstände von weit her.

Die Azteken beherschten ein großes Reich. Sie haben viele Völker in Kriegen unterworfen. Die besiegten Völker mussten Abgaben an die Azteken zahlen. Diese Abgaben nennt man Tribut. Die Azteken opferten ihre Kriegsgefangenen den Göttern und töteten sie grausam. Aus diesen Gründen waren die Azteken sehr gefürchtet, oft auch gehasst.

Amerika, bevor Kolumbus kam

2 Schreibe Gegenstände auf, die man auf dem Markt kaufen konnte.

3 Löse das Kreuzworträtsel.

- Hier werden Waren gekauft und verkauft
- Man braucht es zum Bauen und für das Feuer
- Ein anderes Wort für Abgaben
- Dinge, die auf dem Markt verkauft werden
- Du trinkst es manchmal
- Ein Metall
- Sie bringen Waren von weit her.

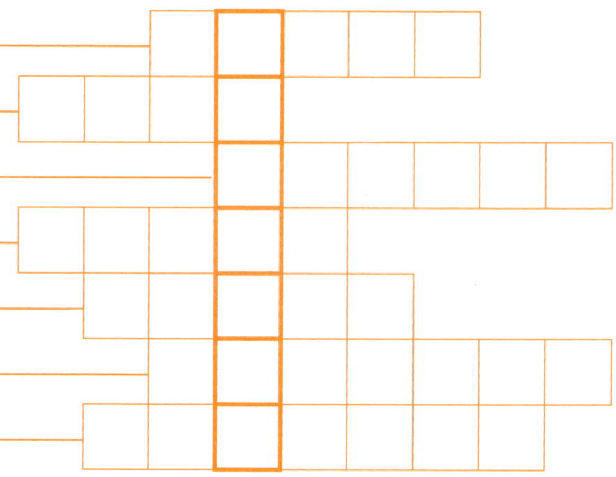

Das Lösungswort heißt: __ __ __ __ __ __ __

4 Die Azteken waren bei vielen anderen Völkern verhasst.
Nenne die Gründe.

Es gab noch viele andere Völker in Amerika.
Habt ihr schon einmal etwas von den Maya oder den Inka gehört?

5 Informiert euch im Lexikon oder im Internet über Maya und Inka.

a) Sammelt und notiert euch die Informationen.
b) Berichtet darüber in der Klasse.

Die Eroberer kommen

1 Beschreibt die Menschen auf dem Bild.

2 Lest den Text.

→ Textknacker Umschlagklappe

Die Spanier erobern das Aztekenreich

Aus Spanien kamen Soldaten nach Amerika. Sie suchten Gold. Sie eroberten das Reich der Azteken. Die Spanier hatten Pferde, Schwerter aus Eisen und Schusswaffen. Sie waren aber viel weniger als die Azteken. Doch die Azteken unterdrückten andere Indianer seit vielen Jahren. Diese Indianer halfen jetzt den Spaniern. So konnten die Spanier die Azteken besiegen.

Nun mussten alle Indianer für die Spanier arbeiten. Viele starben bei der harten Arbeit. Wenn sie nicht genug arbeiteten, töteten die Spanier die Indianer. Noch mehr Indianer starben an ansteckenden Krankheiten. Die Krankheiten kamen mit den Spaniern von Europa nach Amerika.

Vor der Entdeckung Amerikas lebten dort etwa 75 Millionen Indianer. Um 1570 waren es nur noch 8 bis 10 Millionen.

3 Ordne den Bildern die passenden Sätze zu.

- Die meisten Indianer starben an Krankheiten.
- Bei schwerer Arbeit starben viele Indianer.
- Die Spanier töteten viele Indianer im Kampf.

Pflanzen aus der „Neuen Welt"

Nach der Entdeckung Amerikas lernten die Europäer viele neue Pflanzen und deren Früchte kennen. Diese Pflanzen gab es damals in Europa noch nicht.

1 Beschrifte die Bilder mit den passenden Wörtern.

Tomate
Kürbis
Mais
Paprika
Ananas
Chili
Bohnen
Vanille
Kartoffel

Das kann ich!

1 Ergänze die Sätze mit passenden Wörtern.

Die Zeit der Entdeckungen

Erde
Sonne
Amerika
Azteken
Eroberer
Gold
Indianer
Krankheiten

Im Mittelalter glaubten die Menschen,

dass die Sonne sich um die __________ dreht.

Kopernikus beobachtete das Gegenteil:

Die Erde dreht sich um die __________.

1492 entdeckte Kolumbus einen neuen Kontinent: __________.

Dort lebten damals die __________.

Nach Kolumbus kamen viele Menschen aus Europa nach Amerika.

Es waren die __________.

Sie suchten vor allem nach __________.

Sie töteten viele __________.

Die meisten Indianer starben aber an __________ aus Europa.

2 Verbinde die Sätze mit den passenden Bildern.

Die Erde dreht sich um die Sonne.

Kolumbus entdeckt Amerika.

Die Eroberer kommen.

Diese Frucht kommt aus Amerika.

Reformation und Dreißigjähriger Krieg

Martin Luther

Johannes Gutenberg

Die Bibel aus dem Jahr 1541

Luther und Gutenberg lebten nicht zu der gleichen Zeit.
Dennoch haben sie etwas gemeinsam.
Beide Personen hatten etwas mit der Bibel zu tun.

1 Was wisst ihr schon über die Bibel?

Der Dreißigjährige Krieg war ein europäischer Glaubenskrieg. Es ging dabei um Religion und Macht.

Auch die Stellungnahme von einigen Königen zum Krieg könnt ihr kennen lernen und in einem Rollenspiel nachspielen.

2 Seht euch die Zeitleiste an.

Wann lebte Martin Luther?

von ______________ bis ______________

Wann war der Dreißigjährige Krieg?

von ______________ bis ______________

Eine Religion – zwei Konfessionen

Fabian und Jasmin gehen in die 7. Klasse. Sie erzählen:

„Bald fängt mein Konfirmationsunterricht an. Mein Bruder Michael ist 15. Er wurde vor einem Jahr konfirmiert."

„Warum denn so spät? Ich war schon vor drei Jahren beim Kommunionunterricht und in zwei Monaten habe ich Firmung."

1 Klärt in der Klasse, worüber Fabian und Jasmin sprechen.

Eine Religion – zwei Konfessionen

Die meisten Schülerinnen und Schüler in eurer Klasse gehören einer Religion an. Evangelische Schüler und katholische Schüler sind Christen. Katholische und evangelische Christen glauben an denselben Gott. Sie haben dieselbe Religion. Aber sie gehören zu verschiedenen Konfessionen.

Katholische Kinder gehen mit ungefähr 9 Jahren zum Kommunionunterricht. Mit etwa 14 Jahren gehen sie zur Firmung. Katholiken haben einen Papst und sie verehren Heilige. Manche Katholiken beten zu Gott und zu diesen Heiligen. Katholiken gehen zur Kommunion.

Evangelische Jugendliche haben mit etwa 14 Jahren Konfirmation. Die evangelischen Christen haben keinen Papst. Sie verehren auch keine Heiligen, sondern nur Gott. Evangelische Christen gehen zum Abendmahl.

Eine Religion – zwei Konfessionen

2 Wir haben zwei christliche Konfessionen kennen gelernt.

Es gibt ______________________ und ________________________ Christen.

3 Findet heraus:

Wie viele Schülerinnen und Schüler in eurer Klasse sind

katholisch: ☐

evangelisch: ☐

Muslime: ☐

Wie viele Schülerinnen und Schüler in eurer Klasse gehören zu

einer anderen Religion: ____________________________

keiner Religion: ____________________________________

4 Ordne die Wörter aus der Randspalte in die Tabelle ein. Der Text auf der linken Seite hilft dir dabei.

katholisch	evangelisch

→ Kommunion und Firmung
Heilige
Kommunion
Papst
Konfirmation
keine Heiligen, sondern nur Gott
Abendmahl
keinen Papst

Die Reformation

Hier erfahrt ihr, warum es katholische und evangelische Christen gibt.

1 Wende die Schritte **2**, **3** und **4** vom Textknacker an.

→ Textknacker Umschlagklappe

Was ist die Reformation?

Vor etwa 500 Jahren ließ der Papst in Rom eine neue große Kirche bauen: den Petersdom. Dazu brauchte er viel Geld. Deshalb sollten die Menschen „Ablassbriefe" kaufen. Wer so einen Brief kaufte, dem wurden angeblich seine Sünden vergeben.

Martin Luther war gegen den Ablasshandel. Er sagte, dass nur Gott den Menschen vergeben kann. Er hatte in vielen Glaubensfragen eine andere Meinung. Luther schrieb seine Ideen auf. Diese Ideen (= Thesen) schlug er an die Kirchentür in Wittenberg. Das war am 31. Oktober 1517. Damit löste er die Reformation aus. Seither feiern evangelische Christen am 31. Oktober den Reformationstag.

„Nur durch Gott, die Bibel und den Glauben gewinnt der Mensch das ewige Leben."

Die Bibel war zu dieser Zeit in lateinischer Sprache geschrieben. Deshalb übersetzte Martin Luther die Bibel in die deutsche Sprache.

2 Was habt ihr über die Reformation erfahren? Erzählt.

3 Schreibe die Sätze zu den passenden Nummern.

- Der Papst unterschreibt die Ablassbriefe.
- Bischöfe und Priester verkaufen die Ablassbriefe.
- Die Menschen bezahlen viel Geld für die Ablassbriefe.

①

②

③

4 Ordne in die Tabelle ein:

- „Die Menschen sollen nur zu Gott beten."
- „Der Papst ist ein Mensch. Er kann sich irren."
- „Der Mensch gewinnt nur durch den Glauben das ewige Leben."

Die katholische Kirche sagt:	Martin Luther sagt dazu:
„Was der Papst sagt, stimmt immer."	
„Die Menschen können auch zu den Heiligen beten."	
„Der Mensch gewinnt das ewige Leben, wenn er gute Dinge tut, fastet, spendet und Wallfahrten macht."	

Die Erfindung des neuen Buchdruckes

1 Lest den Text.

Das ist Johannes Gutenberg aus der Stadt Mainz. Um 1445 machte Gutenberg eine wichtige Erfindung: Den neuen Buchdruck! Bis jetzt mussten die Menschen Bücher mühsam mit der Hand abschreiben. Das dauerte sehr lange.

Johannes Gutenberg hatte eine Idee. Er goss viele einzelne Buchstaben aus Blei. Dann setzte er für jede Seite die Buchstaben aus Blei zusammen. Er setzte die Buchstaben auf Platten. Von diesen Platten konnte man mehrere Abzüge machen.

Nun konnte man Bücher drucken.
Das ging schneller und die Bücher wurden preiswerter.
Mehr Menschen als früher konnten wichtige Bücher lesen.
Viele Menschen lasen nun auch die Bibel von Martin Luther.

①

②

Die „Luther-Bibel" aus dem Jahr 1541

2 Seht euch die Bilder genau an.

a) Was könnt ihr auf Bild 1 erkennen?
b) Versucht, die Schrift auf Bild 2 zu lesen.

Die Erfindung des neuen Buchdruckes

Hier seht ihr die einzelnen Schritte des neuen Buchdruckes.

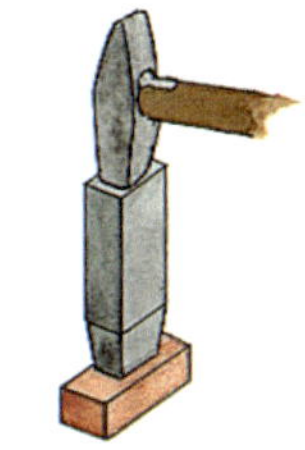

①

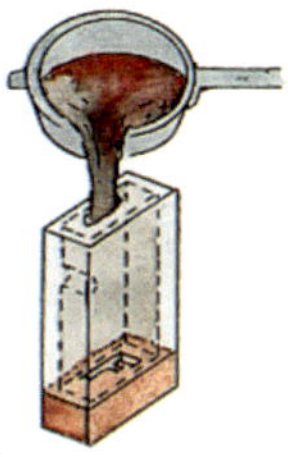

②

③

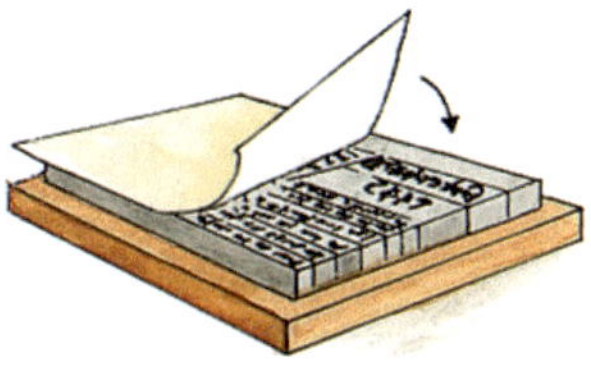

④

⑤

⑥

⑦

⑧

3 Die Arbeitsschritte stehen in der falschen Reihenfolge.
Ordne die Arbeitsschritte den Bildern zu.

- Das Buch ist fertig.
- Buchstaben in Kupfer schlagen
- Blei in Form gießen
- gedruckte Seiten aufeinander legen
- Buchstaben einfärben
- Papier auf Buchstaben pressen
- bedrucktes Papier von Buchstaben nehmen
- Papier auf eingefärbte Buchstaben legen

Der Dreißigjährige Krieg

Der evangelische Glaube verbreitete sich schnell.
Seine Anhänger nennt man Protestanten.
Katholiken und Protestanten standen sich oft als Feinde gegenüber.
Im Jahr 1618 begann deswegen ein grausamer Krieg.
Aber die Menschen kämpften nicht nur wegen der Religion.

1 Lest den Text mit verteilten Rollen.

①

Ich bin Kaiser Ferdinand. Ich regiere Deutschland und bin Katholik. Meine Untertanen sollen auch Katholiken sein. Der neue König von Böhmen ist Protestant. Ich kämpfe gegen den König von Böhmen.

②

Ich bin König Friedrich. Ich regiere Böhmen. Ich bin Protestant. Ich kämpfe gegen Kaiser Ferdinand von Deutschland. Er ist Katholik. Ich will mir nicht mehr alles von ihm vorschreiben lassen.

③

Ich bin König Gustav Adolf von Schweden. Wir Schweden sind Protestanten. Wir helfen den Protestanten und wir kämpfen gegen Kaiser Ferdinand von Deutschland. Außerdem wird mir dieser Kaiser Ferdinand zu mächtig. Wir Schweden wollen ein Stück Land in Deutschland.

④

Ich bin Kardinal Richelieu. Wir in Frankreich sind Katholiken. Trotzdem: Wir kämpfen gegen Kaiser Ferdinand von Deutschland. Er ist uns zu mächtig. Wir wollen Land in Deutschland dazugewinnen. Die Schweden sind zwar Protestanten, aber das ist uns egal. Wir kämpfen zusammen mit den Schweden gegen Kaiser Ferdinand.

In einem Rollenspiel könnt ihr die Situation nachspielen.

Ein Rollenspiel planen und durchführen:

- Entscheidet, wer welche Person spielt.
- Überlegt gemeinsam:
  - Was denkt die Person?
  - Was tut die Person?
  - Was sagt die Person?
- Macht euch zu jeder Person Notizen.
- Besprecht gemeinsam, wie ihr spielen wollt.
- Führt dann das Rollenspiel vor.

2 Macht ein Rollenspiel.
Schreibt Notizen zu jeder Person.

Name: ______

Land: ______

Konfession: ______

kämpft gegen: ______

Name: ______

Land: ______

Konfession: ______

kämpft gegen: ______

Name: ______

Land: ______

Konfession: ______

kämpft gegen: ______

Name: ______

Land: ______

Konfession: ______

kämpft gegen: ______

Der Dreißigjährige Krieg

Der Dreißigjährige Krieg war ein grausamer Krieg.
Dabei starben sehr viele Menschen.
Besonders Menschen, die selbst gar nicht kämpften, waren oft die Opfer.

1 Seht euch das Bild genau an und beschreibt, was die Menschen tun.

2 Schreibt die Sätze zu Ende.

Der Mann mit dem schwarzen Helm ______________________

____

Die beiden Frauen ______________________

____

Der Junge mit dem schwarzen Hut ______________________

____

Auf dem Bild sehe ich noch ______________________

____

Aus einer anderen Sicht erzählen

Den Überfall auf den Bauernhof haben der Söldner Michael und das Kind Martin unterschiedlich erlebt.

„Ich heiße Michael und bin 26 Jahre alt. Ich bin ein Söldner und kämpfe für Geld. Gestern haben wir einen Bauernhof überfallen. Der Bauer wollte nicht erzählen, wo das Geld versteckt war. Da haben wir ihn totgeschlagen! Seine Frau hat richtig Angst bekommen und alles verraten. Aber viel war das nicht. Morgen kämpfen wir wieder. Hoffentlich werde ich nicht verletzt oder getötet!“

„Ich heiße Martin und bin 6 Jahre alt. Gestern sind Männer mit Waffen ins Haus gekommen. Die Männer haben meinen Vater getötet! Überall war Blut. Ich hatte solche Angst. Ich habe meine Mutter und meine Geschwister nicht mehr gesehen. Ich habe Hunger! Wo sind die nur alle? Hoffentlich leben sie noch!“

3 Schreibe die passenden Sätze von Martin in die Tabelle:

 So erzählt der Söldner Michael:	 So erzählt das Kind Martin:
Ich heiße Michael und bin 26 Jahr alt.	
Gestern haben wir einen Bauernhof überfallen.	
Da haben wir ihn totgeschlagen!	
Hoffentlich werde ich nicht verletzt oder getötet!	

Das kann ich!

1 Was gehört zusammen?
Verbinde rechts und links sinnvoll.

→ Lexikon: S. 104–112

Wer einen Ablassbrief kaufte, dem …	… gehen zum Konfirmationsunterricht.
Evangelische Schülerinnen und Schüler …	… lateinischen Sprache in die deutsche Sprache.
Martin Luther sagte …	… wurden angeblich seine Sünden vergeben.
Das Wort „Reformation“ bedeutet …	… gehen zum Kommunionunterricht.
Katholische Schüler und evangelische Schüler …	… in Rom den Petersdom bauen.
Katholische Schülerinnen und Schüler …	… dass nur Gott den Menschen vergeben kann.
Martin Luther übersetzte die Bibel aus der …	… Erneuerung.
Vor etwa 500 Jahren ließ der Papst …	… haben dieselbe Religion.

2 Der Dreißigjährige Krieg begann 1618.

Rechne aus, wann er endete:

1618 + ____________ = ____________

3 Richtig oder falsch?

	richtig	falsch
Der Dreißigjährige Krieg dauerte von 1900 bis 1930.	☐	☐
Katholiken kämpften gegen Protestanten.	☐	☐
Es ging nicht nur um Religion, sondern auch um Macht und Land.	☐	☐
Katholiken kämpften auch gegen Katholiken.	☐	☐
Es starben sehr viele Menschen.	☐	☐
Der Dreißigjährige Krieg dauerte von 1618 bis 1648.	☐	☐

4 Ordne die Sätze den Bildern zu.

- Johannes Gutenberg erfand den neuen Buchdruck.
- Martin Luther übersetzte die Bibel aus der lateinischen in die deutsche Sprache.
- Der König von Schweden kämpfte gegen den Kaiser von Deutschland.

Woher kommt unsere Energie?

Die Heizung braucht Gas oder Öl.
Das Mofa und das Auto brauchen Benzin.
Der Fernseher und der Wasserkocher brauchen Strom.

1 Was seht ihr auf den Bildern?

2 Was brauchen diese Geräte, damit sie funktionieren? Erzählt.

3 Welche Geräte brauchen noch Strom, Gas oder Benzin? Zählt auf.

4 Schau dich in der Klasse um. Welche Geräte brauchen Strom?

5 Motoren verbrauchen Kraftstoffe. Welche Kraftstoffe kennst du?

6 Welche Gegenstände verbrauchen Strom, welche Kraftstoff, welche Gas? Verbinde. Mehrere Antworten sind möglich.

Strom

Gas

Kraftstoff

Strom und Kraftstoffe

**Strom kommt aus der Steckdose,
Benzin kommt aus der Zapfsäule – oder doch nicht?**

**Strom und Kraftstoffe werden aus Rohstoffen gewonnen.
Dies sind Rohstoffe:**

Steinkohle ist ein schwarzer, harter Stein.

Erdöl ist eine dunkle, dicke Flüssigkeit.

Erdgas ist gasförmig.
Erdgas wird in Leitungen transportiert.

Die Rohstoffe

In der Erde und unter dem Meeresgrund findet man Steinkohle, Erdöl und Erdgas.

Auf und unter der Erdoberfläche findet man Holz und Braunkohle. Das sind auch Rohstoffe. Die Rohstoffe werden in und auf der Erde gesammelt. Das nennt man „Rohstoffe gewinnen". Dann werden sie in Kraftwerken zu Strom und Kraftstoff umgewandelt.

Von der Kohle zum Strom

1 Sieh dir die Bilder genau an. Lies den Lückentext dazu.

2 Trage die passenden Wörter ein.

Braunkohle lagert in Deutschland einige Meter unter der Erde. Sie wird mit riesigen S__________ abgebaut. Dies nennt man T__________. Die Bagger sind fast 100 Meter hoch und 200 Meter __________.

→ Tagebau
Schaufelbaggern
Bergbau
Kraftwerk
lang
Schächte

Steinkohle liegt bis zu 1000 Meter unter der Erde. Um Steinkohle zu fördern, werden tiefe Sch__________ in die Erde gegraben. Tief in der Erde wird die Kohle abgebaut und durch den Schacht an die Oberfläche gebracht. Dies nennt man B__________.

Vom Abbaugebiet wird die Kohle zum __________ gebracht. Im Kraftwerk wird die Kohle verbrannt. Die Hitze treibt Maschinen an. Die Maschinen erzeugen Strom.

Rohstoffvorkommen in Deutschland

Diese Karte ist eine **Wirtschaftskarte.**
Hier siehst du, wo welcher Rohstoff gefördert wird.

In Deutschland werden Rohstoffe abgebaut.
In bestimmten Regionen Deutschlands gibt es besonders hohe **Rohstoffvorkommen.**
In Deutschland wird Steinkohle und Braunkohle, Erdgas und Erdöl aus der Erde herausgeholt.
Das Herausholen nennt man **Förderung.**

Rohstoffvorkommen in Deutschland

1 Schreibe vier Städte auf, in deren Nähe Steinkohle gefördert wird.

2 Schreibe vier Städte auf, in deren Nähe Braunkohle gefördert wird.

3 Schreibe vier Städte auf, in deren Nähe Erdöl gefördert wird.

4 Schreibe eine Stadt auf, in deren Nähe Erdgas gefördert wird.

5 Es gibt in Deutschland eine Gegend, in der sehr viel Steinkohle gefördert wird. Wie heißt diese Gegend?
Setze die Silben richtig zusammen.

BIET | RUHR | GE

6 Wonach wurde das Gebiet benannt? Sieh auf der Karte nach.

Das Steinkohlegebiet wurde nach

einem Berg ☐

einem Fluss ☐

einer Stadt ☐ benannt.

Erneuerbare Energien

In Deutschland wird immer mehr Energie aus Wasser und Wind gewonnen.

1 Wende die Schritte [2] und [4] vom Textknacker an.

→ Textknacker Umschlagklappe

Sauberer Strom aus Sonne, Wind und Wasser

Die Rohstoffe Kohle, Gas und Öl werden seit langer Zeit für die Stromerzeugung genutzt. Sie werden irgendwann nicht mehr vorhanden sein. Sie werden erschöpft sein. Diese Energien sind nicht erneuerbar.

Doch es gibt weitere Energiequellen. Denn über der Erde scheint die Sonne und weht der Wind. Außerdem fließt Wasser in den Flüssen. Dies sind Energiequellen, mit denen auch Strom erzeugt wird. Diese Energiequellen sind auf der Erde immer vorhanden – genauso wie die Erdwärme. Sie können immer für die Stromerzeugung genutzt werden. Man nennt sie erneuerbare Energiequellen.

Hier siehst du Beispiele für erneuerbare Energien.

Sonnenkollektor

Windkraftanlage

Wasserkraftwerk

Erneuerbare Energien

Diese Karte ist eine Wirtschaftskarte.
Hier siehst du, wo in Deutschland Windkraft und Wasserkraft zu Energie umgewandelt wird.

1 Überlegt gemeinsam: Wo gibt es besonders viele Windräder in Deutschland?

2 Schreibe 3 Flüsse auf, an denen Wasserwerke liegen.

3 Schau dich in deiner Umgebung um.
Entdeckst du Sonnenkollektoren?
Welche Dinge verbrauchen Sonnenenergie?

Wie viel Strom verbrauchen Elektrogeräte?

An jedem Elektrogerät ist ein Schild angebracht, auf dem ihr sehen könnt, wie viel Strom das Gerät in einer Stunde verbraucht.

Auf dem Bild siehst du das Typenschild eines Föhns.

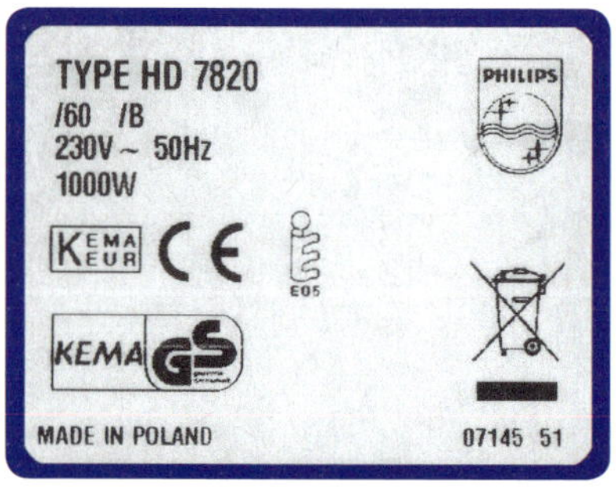

Der Föhn verbraucht 1000 Watt pro Stunde.

Um eine Stunde lang 1000 Watt Strom zu liefern, müssen im Kraftwerk 300 g Steinkohle verbrannt werden.

Hier siehst du das Typenschild von einem Wasserkocher.

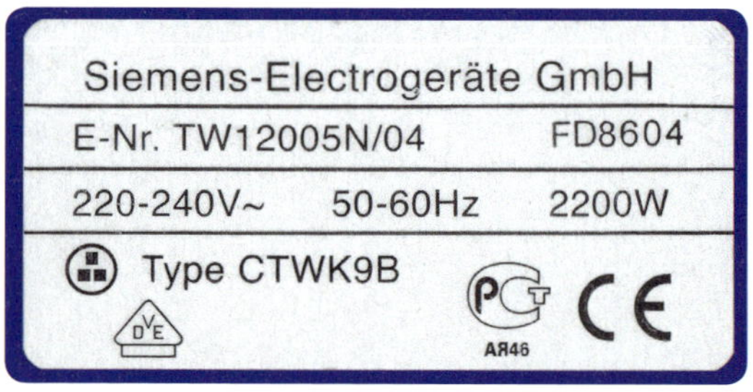

1 Wie viel Strom verbraucht ein Wasserkocher in einer Stunde?

____

2 Rechnet zusammen in der Klasse.
Ein Wasserkocher verbraucht 2200 Watt pro Stunde.
Wie viel Kohle verbraucht er?

$$300\,g : 1000\text{ Watt} \cdot 2200\text{ Watt} = 660\,g$$

**Wenn ein Wasserkocher eine Stunde lang eingeschaltet ist, verbraucht er 2200 Watt.
Dafür müssen 660 g Kohle gefördert und verbrannt werden.**

3 Such dir zu Hause ein Elektrogerät mit Typenschild.

a) Wie viel Watt verbraucht es pro Stunde?
b) Rechne aus: Wie viel Steinkohle wird für das Gerät verbrannt?

Gerät	Wattverbrauch pro Stunde	Steinkohlemenge

4 Suche die Wörter.

E	N	E	R	G	I	E	A	B	I
M	O	S	O	N	N	E	E	P	L
E	R	N	E	U	E	R	B	A	R
U	P	S	T	A	U	D	A	M	M
G	S	A	W	L	W	I	N	D	U
D	K	R	A	F	T	W	E	R	K

Staudamm
Kraftwerk
Wind
erneuerbar
Sonne
Energie

5 Richtig oder falsch? Kreuze an.

	Ja	Nein
Windenergie wird vor allem im Süden Deutschlands genutzt.	☐	☐
Kohle ist nicht erneuerbar.	☐	☐
An vielen deutschen Flüssen wird Wasserkraft in Energie umgewandelt.	☐	☐
Wind, Wasser und Sonne sind erneuerbare Energiequellen.	☐	☐
In Deutschland ist die Sonne nicht stark genug, um die Wärme in Strom umwandeln zu können.	☐	☐
Mit Sonnenkollektoren kann man Energie gewinnen.	☐	☐

Energie sparen in der Schule

Energie sparen ist wichtig!

Wie könnt ihr eine Energiesparklasse werden?
Diese Fragen helfen euch beim Energiesparen:

Check-up Licht

- Ist das Licht nur dann an, wenn es wirklich benötigt wird?
- Ist das Licht in den Pausen aus?
- Gibt es Energiesparlampen?

Check-up Wärme

- Wird richtig gelüftet? Die Fenster sollen für kurze Zeit zum Lüften ganz aufgemacht werden. Das ist besser, als die Fenster zu kippen.
- Werden die Fenster und die Türen nach Unterrichtsschluss richtig geschlossen?
- Wird die empfohlene Raumtemperatur von 20 °C eingehalten?
- Sind die Heizungen mit Tischen oder Regalen zugestellt?

Check-up Strom

- Sind alle Elektrogeräte nötig?
- Sind die Elektrogeräte nachts auf Stand-by oder ganz aus?
- Werden die Geräte wirklich genutzt?

1 Überlegt gemeinsam:
Wo wird Energie in eurer Schule verbraucht?
Schaut euch den Klassenraum, den Flur, die Toiletten an.

Schreibt auf: ______________________________

____

____

____

2 Bildet drei Gruppen:

- Gruppe Licht
- Gruppe Wärme
- Gruppe Strom

3 Führt den Energiespar-Check-up von S. 88 einen ganzen Tag lang durch. Welches Material braucht ihr? Schreibt eine Liste.

Gruppe Wärme: *Thermometer,* ______________________

4 Schreibt eure Ergebnisse in eine Tabelle.

Beispiel: 

	1.–2. Stunde	3.–4. Stunde	5.–6. Stunde	Schulschluss
Türen zu	*ja*			

5 Klebt eure Tabellen auf ein großes Plakat.
Markiert auf dem Plakat die unnötigen „Energiefresser" farbig.

6 Wie könnt ihr die Energiefresser beseitigen?
Schreibt einen Sparplan.

Beispiel: 

Energiefresser	Was muss gemacht werden?	Wer macht es?	Erledigt?
Die Fenster sind immer auf Kipp.	Erinnerungszettel schreiben: *Fenster zu? – Durchlüften in den Pausen!* und an die Fenster kleben	*Jenny*	✓

7 Überprüft eine Woche später, ob eure Sparvorschläge durchgeführt wurden.

Das kann ich!

1 Welcher Rohstoff oder welche Energiequelle ist gemeint?

Wind
Sonne
Kohle
Kraftstoff
Wasser
Erdgas

Damit wasche ich mich. _ a _ _ _ _

Das brauchen viele Heizungen. E _ _ g _ _

Das braucht mein Mofa. K _ _ _ _ _ _ _ _ _

Die scheint viel im Sommer. _ _ _ _ _

Der treibt Windräder an. _ _ _ _

Die wird unter der Erde abgebaut. K _ _ _ _

2 Welche Antwort ist richtig? Kreuze an.

Daher kommt unsere Energie:

- Rohkost ☐
- Rohstoffe ☐
- Energiestoffe ☐

Rohstoffe werden hier zu Strom umgewandelt:

- Kraftstudio ☐
- Energiewerk ☐
- Kraftwerk ☐

Das Herausholen von Kohle aus der Erde heißt …

- Förderung ☐
- Forschung ☐
- Forderung ☐

Wind-, Sonnen- und Wasserenergie sind …

- erneuerbar ☐
- neuwertig ☐
- nicht erneuerbar ☐

3 Welcher Satz ist falsch? Kreuze ihn an.

Strom kann man sparen, indem man …

… Energiesparlampen benutzt	☐	
… Licht ausschaltet, wenn es nicht gebraucht wird.	☐	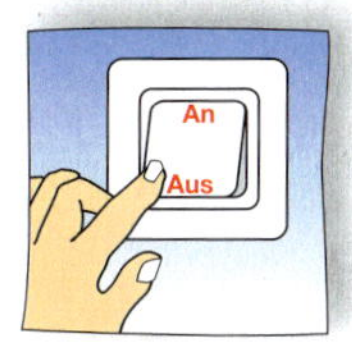
… Schränke vor die Heizung stellt.	☐	
… Fenster zum Lüften ganz öffnet	☐	
… Elektrogeräte vollständig ausschaltet.	☐	

4 Was war in diesem Kapitel für dich besonders interessant? Schreibe einige Sätze.

Alles, was Recht ist

1 Was seht ihr auf den Bildern?
Kennt ihr solche oder ähnliche Situationen?
Sprecht darüber.

Jeder Mensch hat Rechte.
Aber keiner darf alles tun, was er will.
Das wird durch Regeln und Gesetze festgelegt.

Viele Regeln und Gesetze begegnen euch als Verbote.

2 Stellt an der Tafel eine Tabelle auf:
Welche Verbote werden von wem gemacht?
Sammelt noch weitere Beispiele.

Eltern	Schule	Staat
Du darfst erst nach den Hausaufgaben raus.	Du darfst keinen Müll auf den Schulhof werfen.	Rauchen verboten!

Wer sich nicht an die Regeln und Gesetze hält, bekommt Strafen.

3 Auf den Bildern von Seite 92 werden Verbote überschritten.
Welche Strafen könnte es dafür geben?

Jemand wurde beim … erwischt.	Mögliche Strafe
Rauchen	
Stehlen	

4 Vergleicht eure Ergebnisse.
Welche Strafen habt ihr schon einmal bekommen?

Rechte, Regeln und Gesetze

Diese Sätze hast du bestimmt schon oft gehört.

Das ist aber ungerecht!

Da hat er aber Recht!

Was bedeutet Recht wirklich?
Das erfährst du aus dem folgenden Text.

1 Wende die Schritte **2** und **4** vom Textknacker an.

→ Textknacker Umschlagklappe

Recht und Gesetz

Das Recht ist eine Sammlung von Regeln für das Verhalten von Menschen. Diese Regeln sind für alle Menschen in Deutschland gültig. Das Recht ist im Gesetzbuch aufgeschrieben. Das Gesetz besteht aus mehreren Teilen. Der wichtigste Teil des Gesetzes ist das Grundgesetz. Die einzelnen Teile bestehen aus vielen Artikeln.

Der Staat regelt mit dem Gesetz, dass jeder möglichst viele Freiheiten hat, ohne dass dabei die Rechte anderer verletzt werden. Jeder wird gleich behandelt. Der Staat sichert mit dem Gesetz das friedliche Zusammenleben. Konflikte werden nach bestimmten Regeln ausgetragen. Deshalb nennt man die Bundesrepublik Deutschland einen Rechtsstaat.

2 Was hast du über das Recht erfahren?

3 Wozu braucht der Staat Gesetze? Begründe.

Rechte, Regeln und Gesetze

Jessi hat einen Brief bekommen.

4 Was hat Jessi erlebt? Erzählt.

So lautet der Artikel 10 des Grundgesetzes.

> **Artikel 10**
>
> (1) Das Briefgeheimnis sowie das Post- und Fernmeldegeheimnis sind unverletzlich.
>
> (2) Beschränkungen dürfen nur aufgrund eines Gesetzes angeordnet werden ...

5 Was könnte das Gesetz mit der Bildergeschichte zu tun haben?

6 Ergänze die Sätze mit den passenden Wörtern

→ Freiheit
Recht
Gesetzbuch
verletzte
friedliche Zusammenleben

Jessi hat das ____________________ , den Inhalt des Briefes geheim zu halten.

Sie hat die ____________________ zu entscheiden, wer den Brief lesen darf.

Jessis Mutter ____________________ das Recht ihrer Tochter.

Damit störte sie das ____________________ in der Familie. Jessis Recht auf Geheimhaltung des Briefes steht im ____________________.

Jugendschutz und Jugendrecht

Es gibt besondere Gesetze, um Kinder und Jugendliche vor Gefahren zu schützen.
Hier findest du die wichtigsten Bestimmungen des Jugendschutzgesetzes.

	Kinder unter 14 Jahren	Jugendliche unter 16 Jahren	Jugendliche unter 18 Jahren
Aufenthalt in Gaststätten	Allein: NEIN in Begleitung eines Erziehungsberechtigten: JA	Allein: NEIN in Begleitung eines Erziehungsberechtigten: JA	bis 24 Uhr: JA
Anwesenheit in Discotheken	NEIN	NEIN	NEIN
Aufenthalt in Spielhallen	NEIN	NEIN	NEIN
Abgabe/Trinken von Branntwein (Schnaps)	NEIN	NEIN	NEIN
Abgabe/Trinken von Wein, Bier oder Ähnliches	NEIN	NEIN	JA
Rauchen in der Öffentlichkeit	NEIN	NEIN	NEIN
Kinobesuch	JA bis 20 Uhr, wenn der Film freigegeben ist ab 6 oder 12 Jahren.	JA bis 22 Uhr, wenn der Film freigegeben ist ab 6 oder 12 Jahren.	JA bis 24 Uhr, wenn der Film freigegeben ist ab 6,12 oder 16 Jahren.
Piercen, Tätowieren	NEIN	NEIN	NEIN nur mit Erlaubnis der Eltern: JA

Jugendschutz und Jugendrecht

1 Lies die Sätze. Kreuze die passende Antwort an.

Verstößt du gegen das Jugendschutzgesetz?

	ja	nein
Du bist 13 Jahre alt und gehst mit deinem 18-jährigen Bruder in die Kneipe.	☐	☐
Du bist 17 Jahre alt und lässt dich piercen. Deine Eltern wissen nichts davon.	☐	☐
Du bist 14 Jahre alt und rauchst zu Hause.	☐	☐
Du bist 13 Jahre alt und gehst in einen Film, der ab 12 freigegeben ist. Der Film endet um 20.30 Uhr.	☐	☐
Du bist 16 Jahre alt und trinkst am 18. Geburtstag deiner Schwester Bier.	☐	☐

2 Arbeite mit einem Partner.

a) Lest den Text.
b) Unterstreicht mit einem roten Stift, was verboten ist.
c) Vergleicht eure Ergebnisse.

Timos Geburtstagsgeschenk

Zu seinem 13. Geburtstag bekommt Timo von seinen Eltern einen gemeinsamen Kinobesuch geschenkt. Sie gehen in die 20-Uhr-Vorstellung. Danach geht die Familie in ein griechisches Restaurant, wo das Geburtstagskind auch ein Gläschen Schnaps trinkt. Mit seinem 18-jährigen Bruder und anderen Freunden darf Timo dann noch bis 2 Uhr in die Disco.

Das Jugendgerichtsgesetz

Wenn Kinder und Jugendliche etwas Verbotenes tun, dann gilt für sie nicht das Erwachsenengesetz, sondern das Jugendgerichtsgesetz.

Kinder unter 14 Jahren sind deliktsfähig.	Ab 14 Jahren ist ein Jugendlicher strafmündig.	Zwischen dem 18. und 21. Lebensjahr entscheidet das Jugendgericht, ob der Täter voll strafmündig ist.
↓	↓	↓
Kinder werden für falsches Handeln nicht vom Gesetz bestraft. Ihre Straftaten werden aber in eine polizeiliche Akte aufgenommen. Der Schaden muss bezahlt werden.	Die Straftat eines Jugendlichen wird nach dem Jugendgerichtsgesetz bestraft. Den Schaden muss er bezahlen.	Er wird also nach dem Jugendgerichtsgesetz oder nach dem Erwachsenenstrafrecht behandelt.

Mit steigendem Alter dürfen Kinder und Jugendliche mehr. Damit müssen sie auch mehr Verantwortung für ihr Handeln übernehmen.

1 Was trifft zu? Kreuze an.

	deliktsfähig	strafmündig	voll strafmündig
Leon, 7 Jahre	☒	☐	☐
Jana, 19 Jahre	☐	☐	☐
Ahmet, 12 Jahre	☐	☐	☐
Jessica, 14 Jahre	☐	☐	☐
Miro, 16 Jahre	☐	☐	☐

Das Jugendgerichtsgesetz

Die Graffiti-Sprayer

→ Textknacker Umschlagklappe

Meik (14) hat Beni kennen gelernt. Beni (13) zieht häufig nachts los, um an Häuserwände und Züge zu sprayen. Meik findet das cool und will mitmachen. Die Freundin von Meik aber hat Angst und sagt zu Meik: „Du kannst dabei doch erwischt werden, denn Sprayen ist verboten!“ Doch Meik beruhigt sie: „Keine Sorge. Was soll schon groß passieren? Bestrafen kann mich doch keiner. Ich bin doch erst 14!“

2 Kann Meik bestraft werden? Sieh auf Seite 96 nach.

☐ Ja, er kann bestraft werden

☐ Nein, er kann nicht bestraft werden,

weil ______________________________

3 Meik und Beni wurden beim Sprayen erwischt.
Die Beseitigung der Farbe wird 3000,– € kosten.
Welche Strafe könnten sie bekommen?

☐ Sie bekommen keine Strafe, denn sie sind ja noch nicht erwachsen.

☐ Meik muss den Schaden alleine zahlen.

☐ Meik und Beni müssen je die Hälfte des Schadens zahlen.

4 Welche Straftaten von Jugendlichen kennt ihr?
Schreibt einige auf.

____

____

Die Strafen – Sinn und Zweck

Das Jugendgericht

Textknacker
Umschlagklappe

Ein Jugendlicher ab 14 Jahren, der eine oder mehrere Straftaten begangen hat, kommt vor ein Jugendgericht.

Der Richter entscheidet, wie schwer die Straftat gewesen ist. Er versucht herauszufinden, warum der Jugendliche straffällig geworden ist.

Dann fällt er ein Urteil. Er entscheidet sich für eine Maßnahme gegen den Straftäter. Das ist die Strafe. Die Strafe soll die Schuld des Täters ausgleichen und dem Täter helfen, über seine Tat nachzudenken.

Die Strafen

- Verpflichtung zu Arbeitsstunden
- Anordnung einer Hilfe durch das Jugendamt

- Verwarnungen
- Wiedergutmachung des Schadens
- Jugendarrest
- Täter-Opfer-Ausgleich

- Freiheitsentzug von 6 Monaten bis zu 10 Jahren

Die Strafen – Sinn und Zweck

Eine mögliche Strafe ist: die Verpflichtung zu Arbeitsstunden.

1 Findet heraus:
- Wo kann man Arbeitsstunden ableisten?
- Welche Arbeiten müssen da verrichtet werden?

2 Wo könnt ihr euch erkundigen?

a) Nennt verschiedene Möglichkeiten.
b) Sucht nach Informationen.

3 Was sollen die Arbeitsstunden beim jugendlichen Straftäter bewirken? Sprecht darüber.

4 Ergänze den Satz.

Strafen sollen dem Täter helfen,

Hier seht ihr den Tagesablauf in einer Justizvollzugsanstalt (JVA)

6.40	Wecken
7.25	Schule, Ausbildung, Arbeit
11.30	Mittagessen
15.30	Arbeitsende
15.50	1 Stunde Hofgang
17.30	Abendessen
21.45	Einschluss in die Zelle

5 Was dürfen die Sträflinge in dem Strafvollzug tun? Was dürfen sie nicht?

6 Welche Chancen bietet der Strafvollzug für die Jugendlichen? Sprecht darüber.

Das kann ich!

1 Was gehört zusammen? ➔ Lexikon S. 104–112

a) Schlage im Lexikon nach.
b) Verbinde die Wörter mit den passenden Erklärungen.

Begriff	Erklärung
Freiheitsentzug	Justizvollzugsanstalt
Urteil	eine Sammlung von Regeln
Gesetz	Gefängnisstrafe
JVA	die Entscheidung eines Richters

2 Du bist 14 Jahre alt. Was darfst du?
Schau nach auf Seite 96. Kreuze an.

Darfst du …	ja	nein
… dich tätowieren lassen, obwohl deine Eltern dagegen sind?	☐	☒
… mit deinen 18-jährigen Freunden bis 21 Uhr in die Disco gehen?	☐	☐
… in der Öffentlichkeit rauchen?	☐	☐
… um 20 Uhr ins Kino gehen in einen Film ab 12 Jahren?	☐	☐
… mit deinem Vater in die Kneipe gehen?	☐	☐
… Bier trinken?	☐	☐

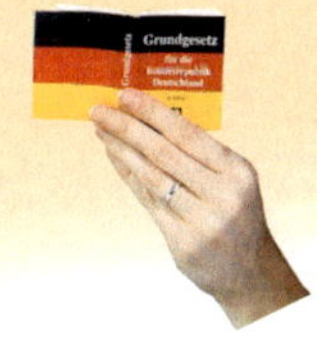

3 Ergänze die Sätze.

Rauchen für Jugendliche ist verboten, weil

____.

Ein Kinofilm ab 18 ist für 16-Jährige verboten, weil

____.

Eine Tätowierung ist für 15-Jährige verboten, weil

____.

Eine 14-Jährige darf nicht ohne einen Erziehungsberechtigten in die Kneipe, weil

____.

4 Und was meinst du?

	stimmt	stimmt nicht	weiß ich nicht
Das Jugendschutzgesetz schützt den Jugendlichen.	☐	☐	☐
Das Jugendschutzgesetz schränkt den Jugendlichen ein.	☐	☐	☐
Arbeitsstunden helfen dem Straftäter, sich zu bessern.	☐	☐	☐
Arrest hilft dem Straftäter, sich zu bessern.	☐	☐	☐
Die Gesetze und Regeln interessieren mich nicht.	☐	☐	☐

Lexikon

das Abendmahl	Das Abendmahl nennen wir das letzte Abendessen, das Jesus zusammen mit seinen Jüngern (= Gefährten) eingenommen hat. Die Bibel berichtet, wie Jesus bei diesem Abendmahl Brot und Wein unter seinen Jüngern verteilt hat. Wenn Christen heute im Gottesdienst das Abendmahl feiern, denken sie an diesen Moment.
der Ablassbrief, die Ablassbriefe	Früher glaubten die Menschen, dass sie sich von ihren Sünden mit Geld freikaufen könnten. Dann kauften sie einen Brief, in dem ihnen die Kirche ihre Sünden vergab. Einen solchen Brief nennen wir Ablassbrief. Martin Luther hat gegen diesen **Ablasshandel** gekämpft.
Amerika	Amerika ist ein Kontinent (= Erdteil). Auf diesem Kontinent liegen Länder wie die Vereinigten Staaten (USA), Mexiko und Brasilien. Von Europa aus liegt Amerika westlich.
Asien	Asien ist ein Kontinent (= Erdteil). Auf diesem Kontinent liegen Länder wie Russland, China und Indien. Von Europa aus liegt Asien östlich.
die Bibel	Die Bibel ist das heilige Buch der Christen. Sie erzählt, wie Gott die Welt geschaffen hat und wie sich der christliche Glaube verbreitete. Die Bibel besteht aus zwei Teilen: dem **Alten** und dem **Neuen Testament**. Das Neue Testament beginnt mit dem Leben Jesu.
der Browser, die Browser	Einen Browser (sprich: Brauser) nennen wir ein Programm, mit dem wir ins Internet gehen können. Auf das Browser-Symbol klicken wir zuallererst, wenn wir ins Internet gehen möchten. Der Browser ist also das „Surfbrett", mit dem wir durch das Internet **„surfen"**.
chatten	„Chatten" (sprich: tschätten) ist das englische Wort für „sich unterhalten". Wir chatten, wenn wir uns im Internet mit jemandem unterhalten. Wir befinden uns dann in einem **virtuellen** Raum.

das Diagramm, die Diagramme	Ein Diagramm nennen wir eine Zeichnung, die zeigt, wie etwas verteilt ist oder wie etwas sich entwickelt. Bei einem Balkendiagramm werden die Zahlenwerte als Balken dargestellt. Es gibt noch verschiedene Diagramme, wie Säulendiagramm und Kreisdiagramm.
der Dreißigjährige Krieg (1618–1648)	Im Dreißigjährigen Krieg kämpften evangelische und katholische Christen gegeneinander. 30 Jahre lang stritten Schweden, Frankreich und Deutschland um die Macht in Europa. Der Dreißigjährige Krieg endete mit dem Westfälischen Frieden. Trotz des Friedens brauchte Europa noch ungefähr 100 Jahre, um sich von den Schäden zu erholen.
die Energie, die Energien	Energie nennen wir eine Kraftquelle. Wir brauchen Energie für unsere elektrischen Geräte wie Föhn und Fernseher. Energievorräte aus Kohle, Erdöl und Ergas werden bald erschöpft sein. Andere Energievorräte wie Sonnenenergie, Wind- und Wasserkraft verbrauchen sich nicht. Wir nennen sie **erneuerbare Energien**.
die Fahrrad-Rikscha	Eine Fahrrad-Rikscha nennen wir ein Gefährt, das wie eine Kutsche aussieht, aber von einem Fahrrad gezogen wird. Fahrrad-Rikschas gibt es zum Beispiel in Indien.
die Firmung	Die Firmung ist für katholische Christen ein wichtiges Ereignis. Sie legen ein Glaubensbekenntnis ab und werden dann in die Gemeinde aufgenommen. Sie feiern so den Übergang zum Erwachsensein.
der Freiheitsentzug	Freiheitsentzug ist ein anderes Wort für Gefängnisstrafe. Weil jemandem die Freihcit weggenommen (= entzogen) wird, muss er ins Gefängnis gehen.

 **Galilei, Galileo**	Galileo Galilei (sprich: Galileh) lebte von 1564 bis 1642. Er war ein Astronom (= Sternenkundler). Er baute eines der ersten Fernrohre und beobachtete mit ihm den Himmel. Dabei entdeckte er, dass sich **die Erde um die Sonne dreht**. Er veröffentlichte diese Meinung 1610 in einem Buch. Er wurde gezwungen, seine Behauptung zurückzunehmen. Angeblich soll er zum Schluss gesagt haben: „Und sie bewegt sich doch!"
das Gesetz, die Gesetze	Das Gesetz ist eine Sammlung von Regeln. Sie stehen im **Gesetzbuch**.
 **Gutenberg, Johannes**	Johannes Gutenberg (1397–1468) gilt als Erfinder des Buchdruckes. Er wurde in Mainz geboren und eröffnete dort mehrere Druckereien. Damit veränderte er die Welt. Denn bis dahin waren alle Bücher mit der Hand geschrieben und bemalt worden, was sie sehr teuer machte. Gutenberg hatte die Idee, kleine bewegliche Buchstaben aus Blei zu benutzen. Diese setzte er auf einer Platte wie Puzzleteile zu einem Ganzen zusammen. Die Platten mit Buchstaben bestrich er mit Farbe und druckte den Text auf ein Blatt. Von den Platten konnte man mehrere Abzüge machen. Bücher wurden dadurch viel billiger. Auch einfache Leute konnten sich nun Bücher leisten.
der Indianer, die Indianerin **die Indianer(innen)**	Indianer nennen wir die Ureinwohner von Amerika. Kolumbus dachte, dass er den Weg nach Indien gefunden hätte. Deswegen nannte er die Menschen, die er in Amerika traf, Indianer.
Indien	Indien ist ein Land in Asien. Schon vor vielen tausend Jahren haben dort Menschen in Königreichen gelebt und große Tempel gebaut.
die Inka	Die Inka waren ein Volk in Südamerika. Sie lebten vor ungefähr 500 Jahren und herrschten über ein großes Gebiet. Viele Inka waren Bauern, aber es gab auch Adlige und Priester. Die Herrscher der Inka wurden als Götter verehrt.

das Internet	Wie in einem riesigen Spinnennetz sind überall auf der Welt Computer miteinander verbunden. So entsteht das Netzwerk, das wir Internet nennen. Im Internet können wir nach Informationen suchen, chatten, miteinander spielen oder E-Mails schreiben.
die JVA	JVA ist die Abkürzung für **J**ustiz**v**ollzugs**a**nstalt. Es ist ein anderes Wort für Gefängnis.
das Klima	Klima nennen wir das typische Wetter an einem bestimmten Ort auf der Welt. In Afrika ist das Klima wärmer als bei uns, am Nordpol dagegen ist es viel kälter. Das Klima kann sich aber auch verschlimmern, also zu warm oder zu kalt werden. Deshalb müssen wir es schützen: Wir nennen das **Klimaschutz**.
das Kloster, die Klöster	Ein Kloster ist ein Ort, an dem Menschen wohnen, die nur für Gott leben und arbeiten möchten. Die Frauen nennen wir **Nonnen**, die Männer **Mönche**. Mönche und Nonnen haben einen strengen Tagesablauf. Weil sie sich selbst ernähren müssen, bauen sie alles selbst im Klostergarten an. Früher hatten Klöster oft eine Krankenstation (Hospital).
 **Kolumbus, Christoph**	Christoph Kolumbus (1451-1506) war ein Seefahrer und Entdecker. Obwohl er eigentlich Italiener war, arbeitete er für den König von Spanien. In seinem Auftrag sollte Kolumbus nach Indien segeln, um Gewürze und Gold zu finden. Kolumbus segelte, ohne es zu wissen, nach Amerika und nannte die Menschen dort „Indianer". So entdeckte er 1492 durch Zufall einen neuen Kontinent. Kolumbus fuhr mit seinen Schiffen noch dreimal auf Entdeckungsreise.
die Kommunion	Kommunion bedeutet, dass katholische Christen das Abendmahl zusammen feiern. Die Christen glauben, dass Jesus durch das Abendmahl unter ihnen ist.

die Konfession, die Konfessionen	Konfession nennen wir eine Glaubensrichtung innerhalb des Christentums. Zwei große Konfessionen sind die katholische und die evangelische Kirche, aber es gibt noch viele andere kleinere Gruppen.
die Konfirmation	Die Konfirmation ist ein wichtiges Ereignis für evangelische Christen. Sie feiern so den Übergang zum Erwachsensein. Sie legen ein Glaubensbekenntnis ab und werden dann in die Gemeinschaft der Gläubigen aufgenommen.
 **Kopernikus, Nikolaus**	Nikolaus Kopernikus (1473-1543) war ein polnischer Priester und Astronom (= Sternenkundler). Im Mittelalter dachten die Menschen, dass die Erde eine Scheibe ist. Sie glaubten auch, dass unsere Erde unbeweglich im Universum steht, während die Sonne um sie herumkreist. Kopernikus war der Erste, der erkannte, dass das nicht stimmt. Er wusste, dass die Erde eine Kugel ist und dass sie sich um die Sonne bewegt. Die Kirche wollte nicht, dass diese Lehre verbreitet wird. Die Kirche hat das Buch von Kopernikus sofort verboten.
das Kraftwerk, die Kraftwerke	In einem Kraftwerk wird aus **Rohstoffen** Energie (Wärme, Strom) hergestellt. Es wird zum Beispiel Kohle verbrannt, um mit der Wärme unsere Wohnungen zu beheizen. Aber auch andere Energiequellen wie Wasser oder Wind kommen zum Einsatz (Wasserkraftwerk, Windkraftwerk).
 **Luther, Martin**	Martin Luther (1483 –1546) hat in Erfurt studiert und wurde dann Mönch in einem Kloster. Mit nur 29 Jahren war er schon Professor für Religion in Wittenberg. Luther hatte in vielen Glaubensfragen eine andere Meinung als die damalige katholische Kirche. Aus diesem Grund schlug er **1517** seine 95 Thesen (= Behauptungen) an die Tür der Kirche in Wittenberg. Mit diesen Thesen löste Luther die **Reformation** aus. Luther wollte zum Beispiel den Papst nicht als obersten Herren der Kirche anerkennen. Ihm gefiel auch nicht, dass es die Bibel nur auf Latein gab, denn das verstanden die einfachen Leute nicht. Auf der Wartburg (Thüringen) übersetzte Luther die Bibel vom Lateinischen ins Deutsche.

Mallorca **Palma de Mallorca**	Mallorca (sprich: Majorca) ist eine sonnige Insel in der Nähe von Spanien. Viele Deutsche fahren gerne nach Mallorca in den Urlaub. Die Hauptstadt der Insel heißt Palma de Mallorca.
die Maya	Die Maya waren ein Volk in Mexiko. Sie hatten eine eigene Schrift und bauten große Städte. Ihre Pyramiden sind genauso berühmt wie die Pyramiden in Ägypten. Die Maya waren sehr gute Sterndeuter und ihr Kalender hatte genau wie unserer schon 365 Tage.
das Medium, **die Medien**	Alle Kommunikationsmittel, mit denen wir Informationen austauschen, nennen wir Medien. Zwei Menschen, die sich einen Brief schreiben, benutzen also ein Medium. Es gibt aber auch Medien, die mehr als nur zwei Leute erreichen. Die **Zeitung**, das **Radio** oder das **Fernsehen** haben ein Massenpublikum. Deshalb nennen wir diese Medien **Massenmedien**.
das Mittelalter	Mittelalter nennen wir die Zeit zwischen Altertum und Neuzeit. Das war vor ungefähr 1500 bis 500 Jahren. Es war die Zeit der Ritter und Burgen.
der Papst, **die Päpste**	Der Papst ist das Oberhaupt der katholischen Kirche. Er lebt in Rom, in der Hauptstadt Italiens, und entscheidet über alle wichtigen Dinge in der Kirche. Er wird von Kardinälen gewählt und muss bis zu seinem Tod Papst bleiben. Der derzeitige Papst heißt Benedikt und kommt aus Deutschland.
die Reformation	Reformation nennen wir die Zeit vor ungefähr 500 Jahren. Sie begann in Deutschland mit Martin Luther. Luther schlug 1517 seine berühmten 95 Thesen an das Tor der Schlosskirche in Wittenberg. Die Reformatoren wollten die Kirche verbessern, erneuern (= reformieren). Die Christen, die diese Erneuerung unterstützen, nennen sich seither „evangelisch".

der Reiseprospekt, die Reiseprospekte	In einem Reiseprospekt werden die Länder vorgestellt, in die wir verreisen können. Diesen Katalog bekommen wir in einem Geschäft, das auch die Reisen verkauft. Das Geschäft nennen wir **Reisebüro**.
die Renaissance	Renaissance nennen wir die Zeit zwischen 1300 und 1500. Sie begann in Italien und leitete das Ende des Mittelalters ein. Vieles veränderte sich. Universitäten wurden gegründet und die Stände waren nicht mehr so wichtig. Man wollte die Antike wiederbeleben (Renaissance = Wiedergeburt).
der Ritter, die Ritter	Ritter gab es im Mittelalter. Sie waren Männer, die für ihren König in den Krieg zogen. Deshalb besaßen sie Pferde, eine Rüstung und Waffen. In Friedenszeiten veranstalteten sie Turniere (Pferdewettkämpfe). Ritter sollten höflich, mutig und treu sein.
der Rohstoff, die Rohstoffe	Einen Rohstoff nennen wir das Material, aus dem andere Dinge hergestellt werden. Rohstoffe sind zum Beispiel Kohle, Wolle oder Getreide. Diese Rohstoffe können weiterverarbeitet werden: Mit Kohle kann man Energie produzieren, aus Wolle wird Kleidung und aus Getreide Brot.
das Ruhrgebiet	Das Ruhrgebiet ist eine Gegend im Westen Deutschlands. Dort wurden früher viele Rohstoffe, vor allem Kohle gefördert. Im Ruhrgebiet liegen Städte wie Essen, Dortmund und Bochum.
der Schwarzwald	Der Schwarzwald ist ein Gebiet im Südwesten Deutschlands. Dort gibt es ein Mittelgebirge und viele Flüsse und Seen.
die Sehenswürdigkeit, die Sehenswürdigkeiten	Eine Sehenswürdigkeit nennen wir etwas, das wir interessant finden und deshalb Besuchern zum Anschauen empfehlen. Das Brandenburger Tor in Berlin ist eine Sehenswürdigkeit.
der Sonnenkollektor, die Sonnenkollektoren	Ein Sonnenkollektor ist ein Gerät, mit dem man die Sonnenstrahlen sammeln und daraus Energie gewinnen kann. Sonnenenergie ist eine **erneuerbare Energie**.

Spanien	Spanien ist ein Land in Südeuropa, das viel Meeresstrand besitzt. Weil es dort so warm ist, fahren viele Menschen in den Ferien gerne nach Spanien. Früher hatte Spanien eine große Schiffsflotte. Die Spanier machten viele Entdeckungsreisen. Die Spanier eroberten auch viele Länder in Südamerkia.
der Stand, die Stände	Ein Stand war eine gesellschaftliche Schicht im Mittelalter. Menschen mit dem gleichen Stand gehörten zusammen. Wer einem höheren Stand angehörte, durfte über andere bestimmen. Jede Schicht hatte ihre Erkennungsmerkmale wie bestimmte Kleider oder Farben, die sie tragen musste.
die Strafe, die Strafen	Eine Strafe ist eine Maßnahme, die ein Richter oder eine Richterin anordnen kann. Wenn jemand etwas Unrechtes getan hat und gegen ein Gesetz verstößt, wird er bestraft. Was und wie bestraft wird, steht im **Gesetzbuch**.
surfen	Surfen kann man normalerweise nur im Meer. Dann hüpft man auf seinem Surfbrett von Welle zu Welle und lässt sich treiben. So ähnlich kann man auch im Internet von Seite zu Seite gleiten. Das nennen wir dann **im Internet surfen**.
der Tourismus	Tourismus ist ein anderes Wort für Reisen. Eine Touristin und ein Tourist reisen durch die Welt. Viele Leute verdienen am Tourismus, indem sie Reisen verkaufen oder ein Hotel betreiben.
die Umwelt	Das Wort Umwelt bezeichnet die ganze uns umgebende Welt. Die Menschen und alle Lebewesen stehen immer in Beziehung mit der Umwelt. Der Mensch kann auch die natürliche Umwelt verändern. Und die Umwelt wiederum hat Auswirkungen auf alle Lebewesen. Wir unterscheiden zwischen der natürlichen Umgebung und der Umgebung, die von den Menschen gestaltet wurde. Weil auch wir Menschen **Luft zum Atmen** und **Wasser zum Trinken** brauchen, ist es sehr wichtig, die Umwelt zu schützen. Das nennen wir dann **Umwelt- oder Naturschutz**.

das Urteil	Ein Urteil nennen wir die Entscheidung eines Richters oder einer Richterin. Sie können jemanden zum Beispiel zu einer Gefängnisstrafe verurteilen.
die virtuelle Welt	Virtuell nennen wir etwas, das nicht wirklich existiert, sondern nur scheinbar. Wenn wir uns im Internet befinden (und dort mit jemandem „reden"), sind wir in einer virtuellen Welt.
die Zunft, die Zünfte	Eine Zunft nannte man im Mittelalter den Zusammenschluss von Handwerkern mit dem gleichen Beruf. Jeder Handwerker musste in einer Zunft sein. Jede Zunft hatte ihr eigenes **Zunftwappen**. Das war ein Zeichen, auf dem ein typischer Gegenstand der Zunft abgebildet war.